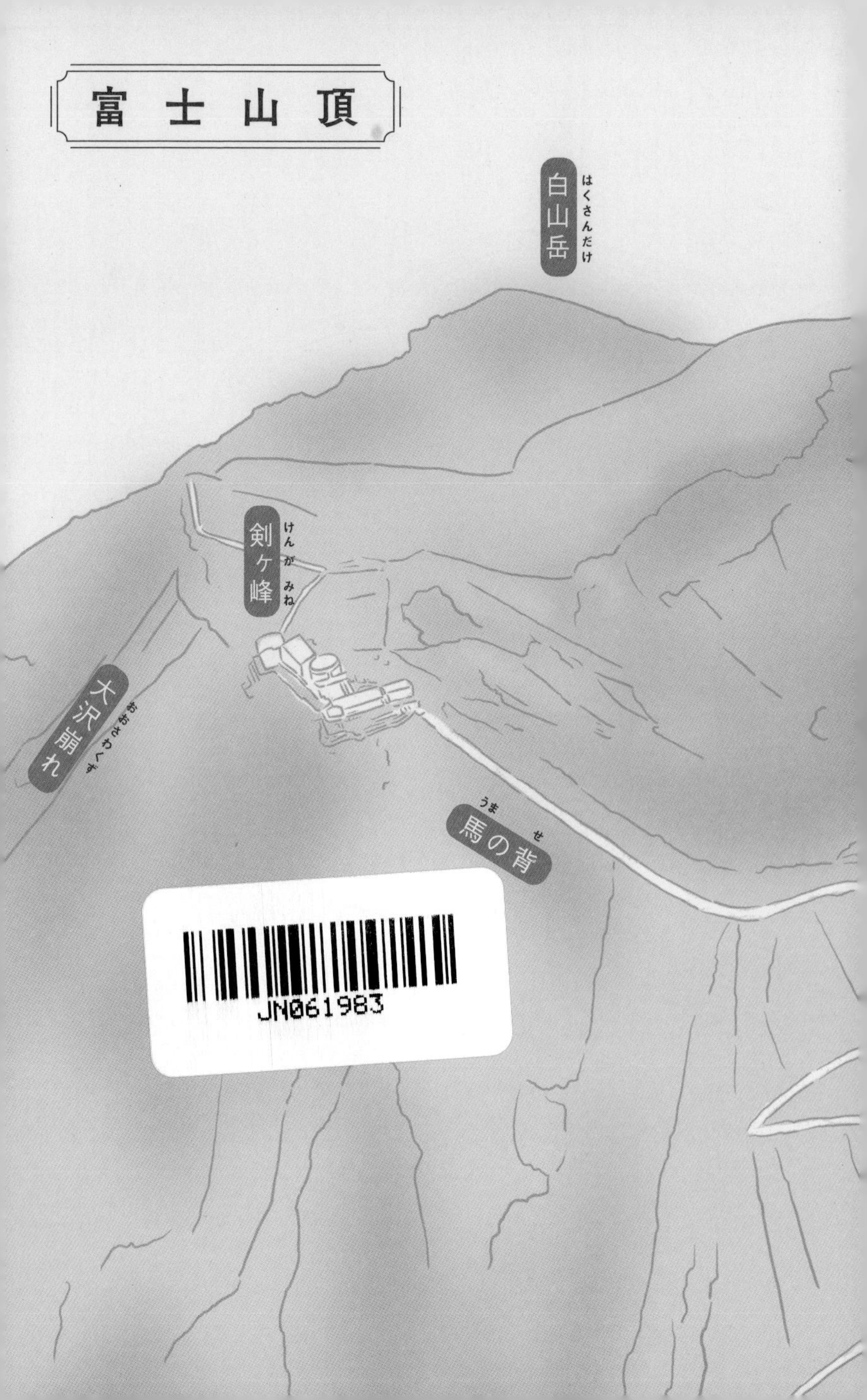
富士山頂
白山岳（はくさんだけ）
剣ケ峰（けんがみね）
大沢崩れ（おおさわくずれ）
馬の背（うませ）

剣ヶ峰（けんがみね）に建つ富士山測候所（提供：朝日新聞）

2号庁舎

元生活棟として建てられた2号庁舎では、夏の観測期間中は高所医学の研究（➡164ページ）や、研究者たちの休けいに使われます。

3号庁舎

かつて地下には15トンの水そうが2つあり、雪や氷をあつめて溶かし生活水にしていました（➡58ページ）。庁舎内には、大気の取り入れ口があり、年間をとおして二酸化炭素濃度の観測が行われています（➡113ページ）。3号庁舎の西側では、マイクロプラスチックの採取が行われています（➡口絵4ページ上）。

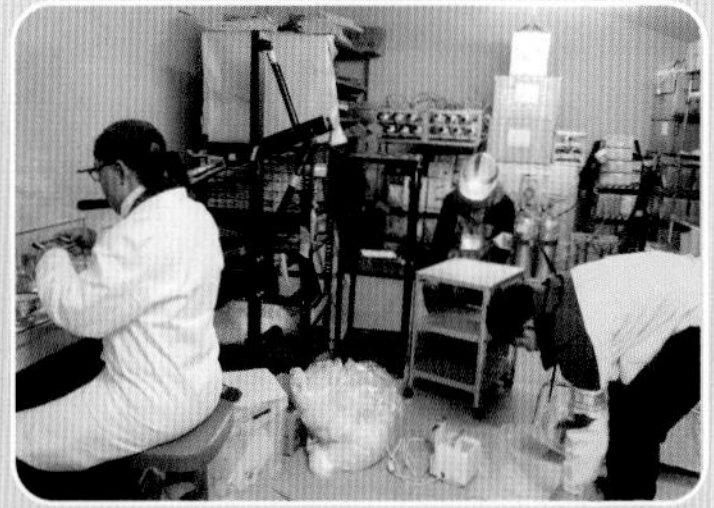

測候所の食事は?

食事や飲料水は各自で用意します。測候所内で火を使う調理は禁止。電子レンジなどは使えるので温めて食べるレトルト食品などが多いそうです。

測候所のトイレは?

測候所は無人のためトイレはありません。夏期観測中は4号庁舎に災害用ポータブルトイレを設置して利用します。2カ月間の観測中にたまった約500人分のトイレの中身は段ボールにつめこみ、数回にわけてブルドーザーでふもとに下ろします。これを「爆弾処理」とよんでいます。

富士山測候所はこんなところ

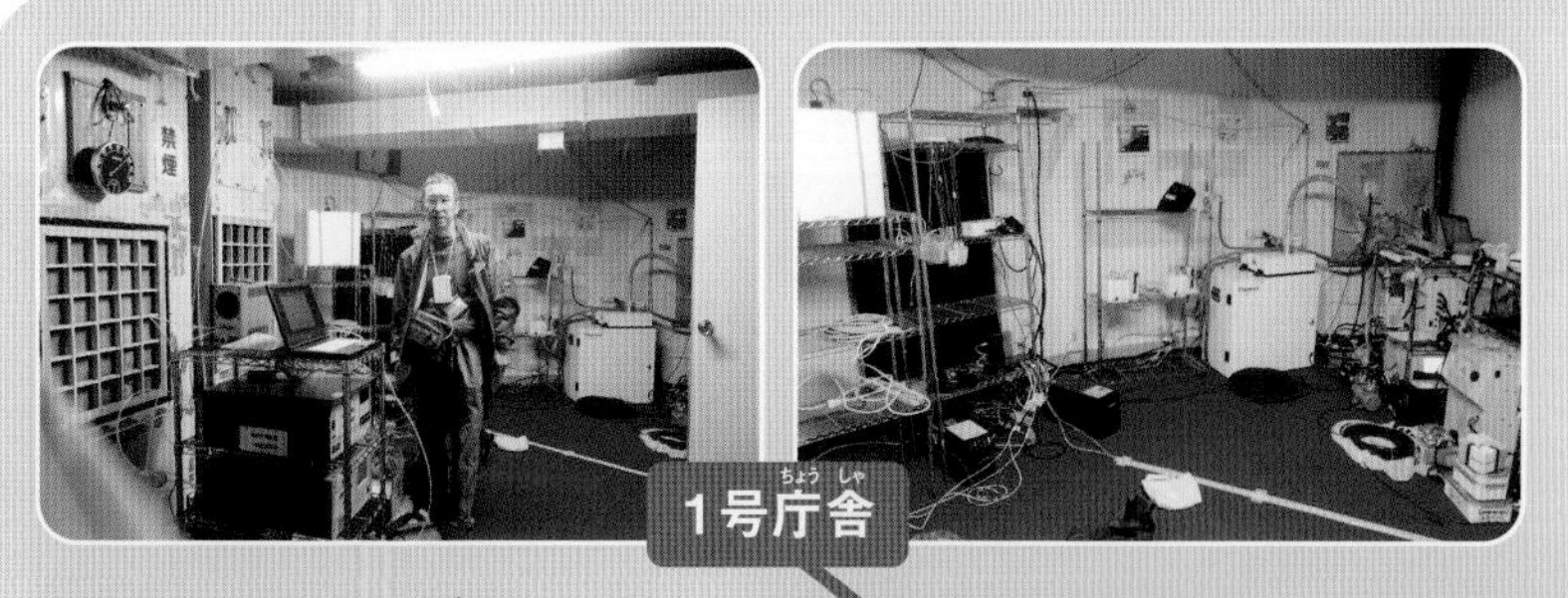

1号庁舎

直径9メートルのレーダードームがあったこの建物の下の部屋には、大気の取り入れ口があり観測のための機材がたくさん置かれています（➡121ページ）。

4号庁舎

旧測候所時代の電源装置があります。夏の観測中には、部屋のすみにポータブルトイレなどが設置されます。

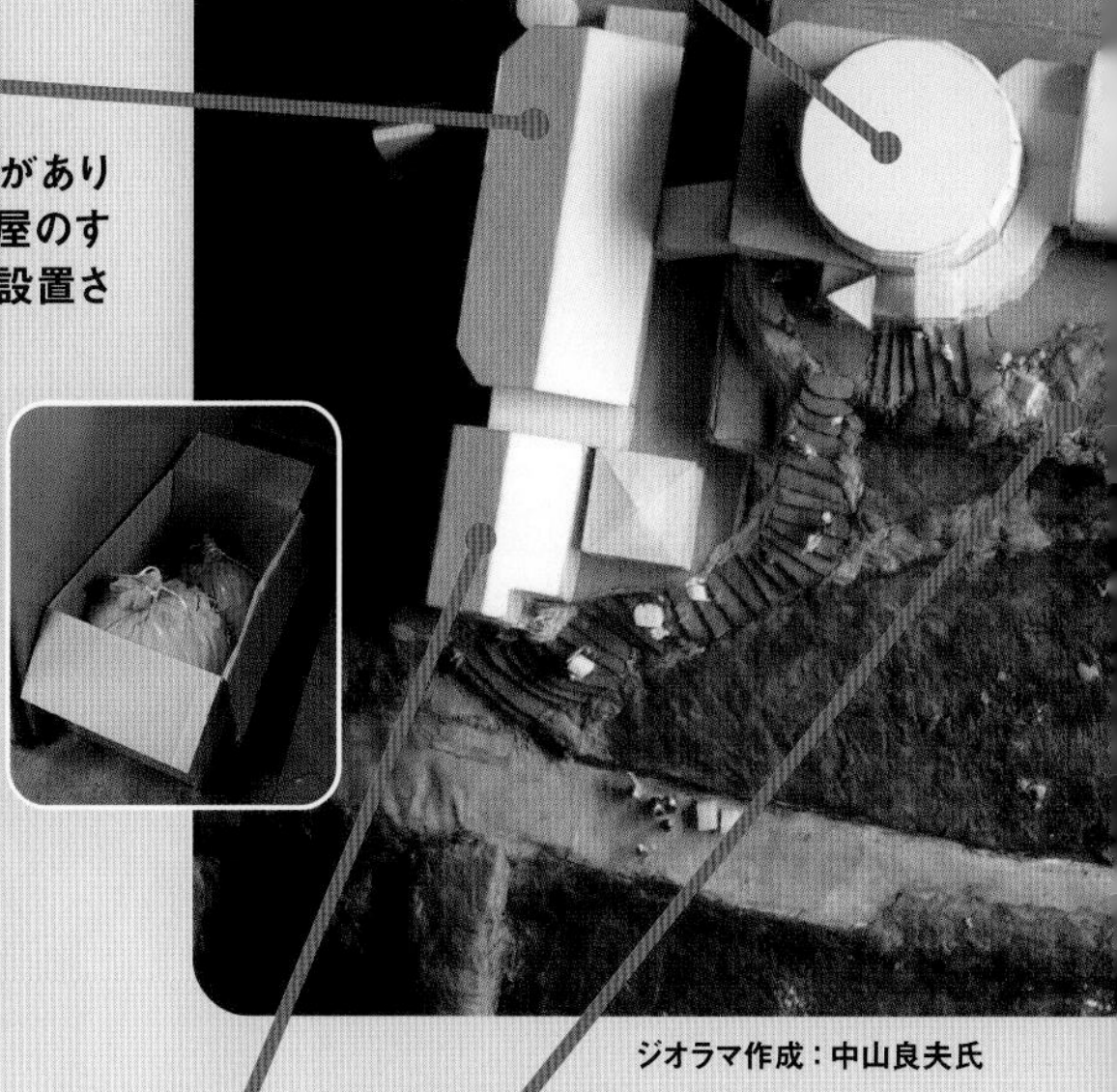

ジオラマ作成：中山良夫氏

仮設庁舎

1970年に新庁舎を建設するときに作業員の住居として建てられました。いまは山頂班が使用します（➡88ページ）。

三角点

日本一標高の高いここは「日本最高峰富士山剣ヶ峰 三三七六米」の柱が立ち、夏の登山シーズンには多くの人がおとずれます。

大気中のマイクロプラスチック検出装置を点検する大河内研究室の学生たち→134ページ（提供：東京新聞）

観測機材を測候所に運びこむ研究者たち

夏期観測参加者のべ5000人達成を記念して（2019年7月）

ようこそ富士山測候所へ

日本のてっぺんで科学の最前線に挑む

長谷川 敦 著
Hasegawa Atsushi

旬報社

はじめに――富士山測候所を知っていますか？

富士山が日本でいちばん高い山であることは、だれもが知っています。ではその三七七六メートルの山頂に、「富士山測候所」とよばれている建物があるのは知っていますか？

富士山測候所は、一号庁舎から四号庁舎までの四つの建物から成り立っています。測候所のことを何も知らずに山頂まで登ってきた人の中には、こげ茶色のこの建物を目にしたときに、「山頂までたどり着くだけでも苦しくて大変だったのに、ここで工事をして、こんな建物を建てたなんて、すごいことだ」と、おどろく人もいるかもしれません。

なにしろ富士山頂は、酸素が平地の三分の二しかありません。酸素不足から少し体を動かしただけでも息切れがするし、頭は痛くなり、はきけなどの症状も起こしやすくなります。そんな工事現場で作業をするなんて、想像しただけでもつらそうです。

また富士山測候所は、建てた場所がすごいだけではありません。富士山頂は風が強く、山頂の年間の平均風速は秒速一二メートル前後。台風なみの風速二〇メートルという非常に強い風が吹く日も何日もあります。過去には九〇メートル以上の最大瞬間風速を記録したこともあります。ふつうの建物であればふき飛ばされそうな強風でも、富士山測候所はびくともしません。建物のつくりもすごく頑丈なのです。

測候所とは、その地点の気温や気圧、湿度、風向や風速、降水量などのデータを観測する気象庁の施設のことです。これらのデータは、天気予報を作成するさいにとても大切な情報になります。測候所には気象庁の職員が働いていて、毎日決まった時間にデータの測定をしてきました。以前は日本各地に一〇〇か所以上の測候所がありました。

そうした測候所の中でも、富士山測候所は特別な存在でした。天気は上空の高いところから変わっていきます。ですから日本でいちばん高い山である富士山に測候所を設けて、観測をおこなうことは、天気予報の精度を高めるために非常に重要なことでした。だから酸素がうすくて、すぐに息切れをしてしまうような富士山の山頂で、大変な苦労をしながら測候所が建てられたわけです。そして富士山測候所の職員たちは、きびしい自然環境の中で観測を続けたのでした。

また、ここには富士山レーダーという気象レーダーも設置されていました。富士山レーダーは、南の海で発生した台風をいち早くキャッチして、その進路をつかむために、遠く八〇〇キロメートル先にまで目を光らせていました。富士山レーダーが、日本を台風から守る「砦（とりで）」の役わりを果たしていたことについては、今では知らない人も増えてきています。この富士山レーダーも、人びとが大変な苦労をしながら建設したものです。

富士山測候所は、「日本の天気予報のレベルをなんとしても上げたい」「日本の人たちを台風の被害（ひがい）から救いたい」という人びとの思いがつまっている場所なのです。

現在、富士山測候所の建物は残っていますが、気象庁の職員は働いていません。二〇〇四（平成一六）年一〇月一日の正午すぎ、最後まで働いていた四人の職員が建物のドアにカギをかけて、富士山から下山。その後は、人の代わりに機械による自動観測がおこなわれています。建物の名前も、正式には「富士山特別地域気象観測所（とくべつちいききしょうかんそくじょ）」に変わりました。けれども多くの人は、昔から慣れ親しんでいる「富士山測候所」というよび名でよんでいます。この本でも富士山測候所を使います。

富士山測候所だけでなく、以前は日本各地にあった測候所も、今では北海道の帯広市と鹿児島県の奄美市にある測候所をのぞいて、すべて閉じています。わざわざ人が観測をおこなわなくても、自動で観測できる技術が発達したことが理由です。

ただし、富士山測候所から気象庁の職員は去りましたが、今ではこの建物を活用する人がまったくいなくなったかというと、そんなことはありません。夏の二か月間だけ滞在して、地球温暖化や大気汚染、雷、高山病などについて研究している科学者や学生たちのグループが気象庁から建物を借りて、ここでさまざまな観測に取り組んでいるからです。

かれらは「気象庁が富士山測候所を無人化することを決めた」というニュースを聞いた直後から、「このまま富士山測候所を閉鎖させるわけにはいかない」と動き出しました。「気象庁にとって、富士山測候所は重要ではなくなったかもしれないけれども、自分たちには必要な存在だ。なぜなら富士山頂でしかできない研究があるからだ」と考えたからです。そこで国に一生懸命働きかけて、測候所を借りられるようにしたのです。

たとえば、富士山頂で二酸化炭素の濃度を観測している科学者がいます。二酸化炭素は、地球温暖化に大きな影響（えいきょう）を与えている気体であり、今地球上でどれぐらいの濃度（のうど）になっているかを正確に知っておくことはとても大切です。くわしくはあとで述べますが、その正確なデータを観測するうえで、富士山のような高所は絶好の場所なのです。

ですから富士山測候所は、「富士山頂でしかできない研究をしたい」という科学者たちの思いがつまっている場所でもあります。夏のあいだだけの滞在（たいざい）ではありますが、科学者たちが富士山測候所を借りることができているのは、その思いと行動が実を結んだ結果といえます。

本書は大きく前半と後半、二つの構成になっています。

PARTⅠでは、富士山の山頂で気象観測をおこなうことの重要性を感じていた人びとが、どんな困難（こんなん）を乗りこえながら、山頂に測候所をつくり、気象観測を始めるようになったのか。富士山測候所での観測は、社会や人びととの生活にどのように役立ってきたか、などについて書いています。

また富士山測候所が無人化されることになったときに、科学者たちのグループが何を考え、どのように動き、そして今、どんな工夫をしながら測候所を運営しているのかについても述べています。

つまり前半は、富士山測候所と富士山頂に対して、熱い思いを持ちながら関わってきた人たちの、過去から現在にいたるまでの物語です。

一方、後半のＰＡＲＴⅡでは、富士山測候所を活用して研究をおこなってきた六人の先生に登場いただき、富士山頂での研究の内容や、研究のおもしろさについて、お話をうかがっています。これを読めば、「富士山測候所でしかできない研究」とはどんなものか、それがどれだけ魅力的（みりょくてき）で、どれほど大切な研究であるかがわかるはずです。

では、さっそく富士山測候所をめぐる物語をスタートさせることにしましょう。お話は今から約一三〇年前、明治時代の半ばごろから始まります。

目次

PART I

富士山測候所の歩みと、測候所に関わってきた人たち

PART Ⅱ

富士山測候所は日本一高いところにある研究所

PART I

富士山測候所の歩みと、測候所に関わってきた人たち

1 富士山のてっぺんで気象観測が始まった

富士山頂に観測所をつくれば、きっと天気予報は当たるようになる

富士山測候所の歩みを語るときには、まずこの人のことから語り始める必要があります。一八九五（明治二八）年一〇月一日午前〇時、ある青年がたった一人で、富士山頂での気象観測に挑みはじめようとしていました。青年の名前は野中至。当時二八歳でした。

至の目標は、冬のあいだ富士山の山頂にとどまり続け、観測をおこなうことでした。冬の富士山頂での観測は、これまでだれも挑戦したことがないものでした。

至（いたる）は富士山頂で、夜中の〇時から二時間おきに一日一二回、気温や湿度（しつど）、気圧、風速などを一日も欠かさず測り続けることを自分に課すことにしました。観測所をかねた住居は、夏のうちに大工などを雇（やと）って建てた南北五・四メートル、東西三・六メートルほどの木造の小さな小屋でした。

至（いたる）には、「日本の天気予報のレベルを上げるためには、富士山のような標高の高い場所に観測所をつくり、一年を通して観測ができる体制を整える必要がある」という信念がありました。

当時、日本の気象観測は、まだ産声（うぶごえ）をあげたばかりでした。全国各地に測候所が設置されはじめ、日本で初となる天気図がつくられたのは一八八三（明治一六）年のこと。至が富士山頂での気象観測に挑戦（ちょうせん）したわずか一〇年ばかり前のことです。また天気予報の発表が始まったのは、一八八四（明治一七）年からです。しかし当時の天気予報は、「まったく当たらない」ということで、さんざんな評判でした。

一八八三年や一八八四年ごろの日本には、日本人だけで天気図を作成し、天気予報を発表する技術はありませんでした。最初につくられた天気図は、全国二一か所の測候所から東京気象台に電報で送られてきた気温や気圧などのデータをもとに、ドイツから招かれていたエルヴィン・クニッピングという技師が作成したものです。

ですから、天気予報があたる確率を上げるためには、観測機器の充実はもちろんのこと、日本人の観測技術や予報技術のレベルを上げることが重要だったのですが、野中至はそれに加えて「高所観測の必要性」を訴えたのです。

地上と上空では、気圧も風向きもちがいます。天気は上空から変わっていきますから、上空の気圧や風向きの状況をつかんでおくことは、地上の天気の変化を予想するうえでとても大切なことです。

その点、上空の気象の状態を観測する場所としていちばん適しているのは、なんといっても富士山の山頂でした。高さが日本一であるだけではなく、「独立峰」といって、すぐ近くに同じような高さの山がないことも魅力でした。富士山頂は、周りの山の影響も受けることなく、上空の状態を正しくつかむことができる天然の「観測タワー」のような役わりを果たしてくれることが期待できました。

しかし問題は、富士山頂の自然環境がおそろしく過酷であることでした。とくに冬の平均気温はマイナス二〇度近くに達します。平均風速も冬がいちばん強く、夏の風速の二倍程度になります。

富士山頂での気象観測は、夏の時期については大学の教授や気象台の職員などによって、それまでにも何度かおこなわれていました。夏の富士山は荒れた天気になる日があるとはいうものの、毎年多くの登山者が訪れることからもわかるように、まだしもわたしたちにおだやかな顔を見せてくれます。

しかし至がめざしている「富士山頂で一年を通して観測ができる体制」を実現するためには、過酷な冬でも観測が可能であることを証明しなければいけません。至はその証明を自らの身をもっておこなおうとしたのです。

至は、気象台の職員でも大学の教授でもありませんでした。当時中央気象台の技師だった和田雄治からの支援は受けていましたが、どこの組織にも属しておらず、独学で気象学の勉強に打ちこんでいる一人の青年にすぎませんでした。ですから富士山頂で観測をするために必要となるさまざまな費用は、自分のお金を使いました。ただし観測機器については、和田の協力によって中央気象台から借りることができました。

過酷な自然環境の中で、観測は困難の連続となった

至の富士山頂での観測は、最初から大変なものでした。まだ一〇月の初めだというのに、小屋のすき間から冷たい風と吹雪による雪が入りこんできて、これを防ぐために、睡眠時間を確保するのにも苦労することになったからです。また氷や雪で風力計が回転せず、至は真夜中に外に出て、かなづちで器械に着いた氷や雪を取りのぞくといったこともおこなわなければなりませんでした。

観測を始めてから一二日後の一〇月一二日、思わぬ人が富士山頂の小屋にやって来ました。至の妻の千代子です。千代子は至の観測活動を助けるために、小さな子どもを実家に

野中至と千代子、1896（明治29）年1月（提供：野中勝氏）

あずけて、富士山に登ってきたのです。おどろいた至は、「おまえには用事はないから帰れ」とつき放しますが、千代子は動じません。「わたしも覚悟があってここに来ました。このまま、ここであなたの仕事を手伝います」と言い張ったのです。こうして夫婦ふたりによる観測生活が始まりました。

千代子が加わったことで、至はだいぶ楽になりました。食事の用意など観測以外のことについては、すべて千代子に任せることができるようになったからです。そもそも二時間おきに一日一二回観測するということ自体に無理がありましたから、もし至ひとりだけだったら、とても体がもたず、あっという間に倒れていたかもしれません。

しかし、それでもやはり困難は続きます。気象台から借りていた温度計や風力計などの器械が、富士山の過酷な自然環境に耐えられず、動かなくなったりこわれたりしたのです。また富士山頂は予想以上に気圧が低かったため、持ってきた気圧計では正確な気圧が測れないといったことも起きました。

さらにふたりをおそったのが、体の不調でした。一一月はじめに、まず千代子がのどの痛みや熱などがでる扁桃腺炎になり、お湯や水を飲むのもつらい状態になりました。ようやく治ったと思ったら、今度は全身がむくみ出し、歩くのもむずかしくなりました。そして次には至にもむくみが生じます。むくみは野菜不足が原因でした。

結局富士山での観測活動は、八二日間で終えることになります。至たちのことを心配した中央気象台の和田雄治たちが富士山頂にまでやってきて、下山するように強く説得して担ぎ下ろしたのです。一二月二二日のことでした。

至がやろうとしたことは、どう見ても無謀なことでした。当時、富士山頂でひと冬を過ごすことに成功した人は、だれもいませんでした、つまり冬の富士山頂は、未知の空間でした。そうした未知の場所に、最初はたったひとりでのぞもうとしたわけですから、明らかに無理のある計画でした。ひとつまちがえれば、至も千代子も命を落とすところでした。けれども至は、単なる冒険心からこうした行動をとったわけではなかったと思われます。冬の富士山での気象観測はかんたんではないからこそ、まずは自分がチャレンジして、そこで経験したことや学んだことを持ち帰り、多くの人に広めることで、気象観測の発展に貢献したいという思いが強かったと考えられます。

　至が人びとの参考にしてもらうために、富士山からもどってきたあとに書いた「寒中滞岳記」という文章があります。この文章には、今後冬の富士山での観測を実現するための条件をいろいろとあげています。その中で至は、観測所の建物を大きくして、運動ができる部屋や風呂などを設けることや、風や雪が入りこんでこないしっかりとした構造にすること。また観測所には三人以上のメンバーが滞在し、ときどき交代することや、地上との通信ができる状態を整えておくことなどの提案をおこなっています。これらはすべて自分自身の富士山頂での経験から学び、考えたことです。

五八歳で、冬の富士山での観測にチャレンジする

　その後、冬の富士山頂での観測に挑もうという人は、長いあいだ出てくることはありませんでした。至たちが挑戦したときもそうでしたが、当時の観測機器が富士山の過酷な気

象条件にたえられるものではなかったことも大きな理由でした。

しかし、そのあいだにも富士山のような高所での観測に対する社会の期待は、以前より高まっていました。

一九一〇（明治四三）年三月、急速に発達した低気圧が千葉県の房総半島沖を通過。海に出て漁業をしていた千葉県や茨城県の漁船が悪天候におそわれ、茨城県だけでも一二隻が沈没、一五隻が行方不明になるという事故が起きました。この事故のことは当時の国会でも取り上げられ、「上空の気象の状況をつかめていたならば、地上の急な天気の変化についても、もっと早く気づけていたはず。事故も防げていたのではないか」といった議論が交わされ、高層気象台建設の建議（意見・提案のこと）が、満場一致で可決されたこともありました。

一九三〇（昭和五）年一月、野中夫妻に続いて、冬の富士山頂での観測に挑もうとする人物が現れます。中央気象台に勤めていた佐藤順一です。

佐藤は一九二七（昭和二）年、民間の援助で富士山頂に「佐藤小屋」という観測所を建

1929(昭和4)年、佐藤小屋前にて、前列左から2番目が佐藤順一氏(提供:佐藤春夫氏)

てます。そしてその年から、まず夏のあいだの観測を開始しました。さらに一九三〇年からは、いよいよ冬の富士山に挑戦することにしたのです。このとき佐藤は、なんと五八歳でした。佐藤は、若いときからずっとこの計画を心のなかで温めていたのですが、支援者からの資金援助が得られたことで、ようやく夢を実現することができたのでした。

　佐藤は一月のはじめから二月のはじめにかけて、約一か月間、佐藤小屋にこもって観測をおこないました。この観測も、やはり危険ととなりあわせでした。滞在中は、栄養不足のために脚気（ビタミンBの不足が原因で体のだるさや、足のしびれ、むくみなどが起きる病気）になやまされ、また下山のときにははげしい寒さのために凍傷にかかり、山から下りてきたあとには、入院しなくてはならないほどだったからです。

冬の富士山頂での観測は、そのつぎの年もおこなわれました。今度は佐藤もふくめた中央気象台の職員が交代をしながら観測に取り組みました。冬の富士山は相変わらず過酷で、缶づめを開けて食べようにもかちんかちんに凍っていたり、万年筆もインクが凍っていて文字をまったく書くことができなかったりといったありさまでしたが、それでもこのときの経験から多くの職員は、「夏だけではなく冬の富士山頂でも、なんとか観測することができそうだ」という手応えをつかむことができました。

「観測をもっと続けたい」という職員の情熱が、国を動かす

そして野中至・千代子夫妻が冬の富士山に挑んだころからの夢だった一年間を通しての観測が、ついに実現するときがやってきます。

一九三二（昭和七）年と一九三三（昭和八）年は、第二回国際極年にあたる年でした。

これは北極や南極の気象や、さまざまな地域の上空の大気などについて、世界中の国々が協力して観測するというプロジェクトでした。日本もこのプロジェクトに参加することになり、その取り組みのひとつとして、一九三二年八月一日から次の年の八月三一日までの一三か月間、富士山頂で気象観測をおこなうことになったのです。

今回のプロジェクトのために、富士山頂の東安河原という場所に三つの建物からなる観測所が新たに建てられ、「臨時富士山頂観測所」と名づけられました。そして観測は、予定よりも一か月早い七月一日から始まりました。

七月末、富士山頂で通年観測がおこなわれることを知った野中至が、観測所を訪ねてきました。そのとき至は、自分が富士山頂で観測をしたときに使っていた思い入れのある寒暖計をいっしょに持ってきていました。ただ残念ながら千代子夫人の姿は、そこにはありませんでした。千代子はすでにこの世を去っていたのです。二人の挑戦からもう三七年の月日が流れていました。

臨時富士山頂観測所では、器械を使って気温、湿度、気圧、風向、日射量などが測られたほか、職員たちが直接目で雨や雪、霧、雲の量やかたちなどを観測しました。気象に関

1933（昭和8）年、臨時富士山頂観測所前。後列右から2番目が野中至（提供：野中勝氏）

するありとあらゆるものを観測しようとしたのです。三七年前とちがって、観測に使われる器械はきびしい気象条件にも耐えられるものとなっていました。山頂で観測にあたる職員は六名で、一か月ごとに交代しました。

当初、一九三三（昭和八）年八月で終わるはずだった観測は、その年の一二月まで続けられることが決まりました。しかし臨時富士山頂観測所の職員たちは、それだけでは満足しませんでした。「この観測をさらに続けていきたい」と考えたのです。

たしかにたった一年数か月だけのプロジェクトで終わらせてしまったら、高所での観測技術の進歩もそこでストップしてしまうし、富士山頂での観測結果を生かして、天気予報の精度を上げることもできなくなります。

一九三三年八月と九月、観測所に務めていた藤村郁雄(ふじむらいくお)をはじめとしたメンバーは、上司である中央気象台の岡田武松(おかだたけまつ)台長のもとに行き、観測を続けることを訴えかけます。最初は当然、答えは「ノー」でした。「富士山頂での観測に使える来年度の予算は、もうない」というのが理由でした。

もちろん藤村たちも、そこで引き下がったりはしません。「今、観測所の中にある食料や燃料を大切に使えば、来年の夏までは十分に持たせることができるので、予算がなくても大丈夫だ」と反論したのです。しかし岡田台長は、首をたてに振(ふ)りませんでした。

「いや、食料や燃料はいいとしても、君たちにわたす手当などの人件費がもうないんだよ」

これに対して藤村たちは、こう言いました。

「わたしたちは毎月ちゃんと給料をもらっていますし、みんな下宿住まいですから、そんなお金は必要ありません。おまけに山頂の観測所には、お金を使わなくても食料や燃料がたくさんあります。ただ山頂に行くことだけを許してほしいんです」

藤村たちにそこまで言われたら、岡田台長も返す言葉がなくなりました。岡田台長はできるだけの努力をしてみることをみんなに約束しました。

結局、次の年（一九三四年）の観測予算については、岡田台長たちの努力によって、社会的な活動などに対して寄付をおこなっている三井報恩会という団体が出してくれることになりました。藤村たちの情熱が岡田台長を動かし、三井報恩会を動かしたといえます。

ちなみに藤村たちは、もし来年度の予算が出なかったとしても、強引に観測所に立てこもって観測を続けるつもりでいました。

さらに藤村たちの情熱は、国も動かしました。一九三五（昭和一〇）年に開かれた国会で、その後の予算については、毎年国から出されることが決まったのです。

そして一九三六（昭和一一）年には、臨時富士山頂観測所から「臨時」という言葉が外され、富士山頂観測所になりました。観測所はもう臨時ではなくなり、野中至が目標としていた一年を通した観測を、これからずっとおこなっていく観測所になったのです。

2 富士山を台風から日本を守る「砦（とりで）」にする

つねに危険ととなりあわせの勤務（きんむ）

富士山頂（さんちょう）の東安河原（ひがしやすのかわら）に設置されていた観測所は、一九三五（昭和一〇）年と一九三六（昭和一一）年の二年をかけて剣ケ峰（けんがみね）という場所に新しい建物が建てられ、そちらに移転することになりました。富士山頂には八つの峰（みね）がありますが、剣ケ峰（けんがみね）はその中でもいちばん高い峰です。富士山頂で今後も観測を続けていくのなら、剣ケ峰（けんがみね）がいちばんの適地だろうと判断されたのです。この建物は、一九七三（昭和四八）年に新庁舎（今の富士山測候所（そっこうじょ））

剣ヶ峰に建てられた富士山頂観測所（提供：気象庁）

が完成するまで、四〇年近くにわたって使われることになりました。

富士山頂に観測所が設けられたのは、野中至や千代子、佐藤順一、そして藤村郁雄をはじめとした気象台の職員たちが、「日本の気象予報のレベルを上げるためには、富士山頂で一年中観測できるようにしなければいけない」という信念を強く持ち、行動したからこそ実現できたことでした。

そして観測所ができたあとは、今度はそこで働く人たちの「富士山頂での観測を、一日たりとも欠かしてはいけない」という強い使命感によって、観測所は支えられていくことになります。

観測所が開設された当時の観測体制は、三〇日交代が基本でした。職員は観測所勤務でないときは東京の中央気象台で働き、交代日が近づくと、東京を出発して、静岡県の御殿場から富士山頂をめざします。登山シーズンの夏のあいだは御殿場から富士山中腹の太郎坊（標高一三〇〇メートル）とよばれるところまでバスが運行されていたので、太郎坊までバスに乗ってそこからは徒歩で登山。そのほかの季節は、富士山のふもとから歩いて山頂まで登りました。もちろんメンバー全員でいっしょに登ります。

観測所で働く職員の人数は、一九三八（昭和一三）年ごろだと、観測担当が四名、通信担当が一名の計五名でした。そのほかに強力の中から炊事が上手な人が選ばれて調理を担当しました。

強力とは、富士山の登山客が泊まる山小屋などに、山のふもとから荷物を運ぶ仕事にたずさわっている人のことをいいます。観測所への荷上げも、かれらがおこなうことになりました。強力の多くは、地元の人が務めていました。

強力たちは、夏のあいだに一年分の燃料や米やみそ、缶づめといった保存のきく食料を背負い、観測所まで運び上げます。さらに夏以外の季節も、月に一回の職員の交代日に合わせていっしょに山に登り、野菜などの生鮮食料品や観測のための器械などを運び、月と月のあいだにも、手紙や食料などを運びました。

冬の富士山は、地面は凍っており、とつぜんの強風やはげしい寒さにさらされながらの登山となるため、登るだけでもたいへんな危険をともないます。強力たちはそんな中を何十キロもの荷物を背負って、山頂まで登っていました。観測所で働いている職員が自分の仕事に専念することができたのは、強力たちのサポートがあったからこそのことでした。

もちろん職員にとっても、富士山での勤務は危険ととなりあわせでした。

一九四四(昭和一九)年四月には、今村一郎さんという職員が富士山頂の観測所へ向けての登山中に遭難。命を落としました。

一九四六(昭和二一)年一二月には、小出六郎さんが勤務中の事故で亡くなりました。

小出さんは、登山道を歩いているときに九合目あたりの雪がかちかちにかたくなっているところで転んでしまい、そのまま急斜面を八合目付近まですべり落ちてしまったのです。

そして一九五八（昭和三三）年には、経験豊富だったベテラン職員の長田輝雄さんも、山頂勤務のための登山中に突風にふき飛ばされて、命を落としました。三人目の殉職者となりました。

長田さんは、一人目の殉職者となった今村一郎さんの遺体を最初に発見した方でした。また、長田さんは小出六郎さんが亡くなったあと、これ以上犠牲者を出さないために、登山道の整備に取り組んでいました。ちょうど小出さんがすべり落ちたあたりは、道がかたく凍りやすくて危険だったので、その右側にある尾根に安全な道をつくろうとしていたのです。

長田さんの死後、全国の気象庁の職員から寄付が寄せられ、そのお金を使って道の整備が続けられることになりました。こうして幅一メートル、長さ一一〇〇メートルの登山道が完成し、道が急になっている場所には鉄のさくも設けられました。この登山道はやがて人びとから「長田尾根」とよばれるようになりました。

富士山の山頂に高性能のレーダーを設置しよう

富士山頂観測所は、一九四九（昭和二四）年に「富士山観測所」と名前が変わり、さらに一九五〇（昭和二五）年には、「富士山測候所」に改められます。

この数年前の一九四五（昭和二〇）年、日本はアメリカや中国などと戦っていた戦争（アジア太平洋戦争）に敗れていました。空襲によって多くのまちが破壊され、人びとは明日食べるものを確保するだけでも大変な状況におちいっていました。

そんな中で観測所についても、このままでは運営を続けていくのがむずかしいということで、廃止論が出されたこともありました。しかし現場の職員たちは、「なんとしてもこの観測所を守るんだ」という思いで、一日も欠かさず観測を続けていました。

そして一九五〇年、観測所は廃止の危機をなんとか乗りこえて、富士山測候所として新しいスタートを切ることになったのです。ちょうど日本も敗戦の痛手から立ち直り、経済成長が始まろうとしていた時期でした。

「観測所を存続させる」という選択をしたことは、結果的に大正解でした。なぜなら富士山測候所はその後、人びとの命に関わる大切な役わりを担うことになったからです。

そのころの日本は、台風によって一〇〇〇人以上の犠牲者が出るということが、数年おきに起きていました。一九四五（昭和二〇）年の枕崎台風では死者・行方不明が三七五六人、一九四七（昭和二二）年のカスリーン台風では一九三三人、一九五四（昭和二九）年の洞爺丸台風では一七六一人に上りました。

このうち洞爺丸台風では、北海道の函館と青森を結んでいた青函連絡船の洞爺丸の船長が、台風は過ぎ去ったと判断して函館港からの出港を決断。しかし実際には過ぎ去っておらず、はげしい波風によって洞爺丸は沈没し、一一五五人もの犠牲者を出すといういたましい事故も起きました。

そして一九五九（昭和三四）年九月、超大型台風の伊勢湾台風が東海地方を中心とした地域をおそいます。上陸後に最大風速四五・四メートルを記録したこの台風では、海からの高潮によって多くのまちが浸水し、死者・行方不明者は五〇九八人に達しました。台風被害としては過去最悪でした。

当時の気象予報の技術では、台風を前にして、できることは限られていました。日本では全国に測候所が張りめぐらされていましたが、台風は速度が速いため、位置を正確につかみ、その後の進路を予想するのは大変むずかしいことでした。

また、そのころ気象庁では気象レーダーを開発し、大阪、福岡、東京などに次々と設置しつつありました。レーダーであれば、台風の位置をつかむことができます。しかし問題は観測できる範囲がせまいことでした。レーダーの電波は山にぶつかると、その山の向こうには届かなくなってしまうからです。

そのため台風が上陸する寸前まで、台風の位置や進路をとらえることができずにいました。

もし台風が上陸する二四時間以上前に、台風の速度や進路を予想できるようになれば、

富士山頂に設置されたレーダードーム（1990年代、佐藤政博氏撮影）

早めに人びとに台風にそなえることや避難をよびかけ、被害を最小限に食いとめることができます。

では、どうすればいいのか。

そんな中で気象庁の職員たちから出てきたのが、「富士山測候所に高性能・高出力のレーダーを設置する」というアイデアでした。このアイデアは、職員同士の雑談の中から生まれてきたといわれています。

富士山は日本一高い山です。そこにレーダーを備えつければ、周りにさえぎる山がなく、遠くまで電波を届かせることができます。

つまり富士山を、台風から日本から守る「砦(とりで)」にしようというわけです。

気象庁では、富士山レーダーを設置するための予算を大蔵省(おおくらしょう)（現在の財務省(ざいむしょう)）に要求しました。予算は認められ、一九六三（昭和三八）年と一九六四（昭和三九）年の二年間をかけて工事がおこなわれることになりました。

五〇〇年続いた仕事を捨てる決断をした馬方たち

しかし、この富士山レーダー建設プロジェクトを成功させるのは、かんたんなことではありませんでした。

プロジェクトでは、レーダーの建物の建築は大成建設(たいせいけんせつ)、レーダー本体の開発は三菱電機(みつびしでんき)がおこなうことになりました。大成建設で工事の現場監督(げんばかんとく)を任されたのは、当時まだ二九歳(さい)だった伊藤庄助(いとうしょうすけ)さんでした。

伊藤さんには、プレッシャーが重くのしかかります。工事期間は二年あるとはいっても、作業ができるのは富士山頂に雪がない夏の三か月間だけです。しかも天候が悪い日は、工事を中止せざるをえません。

また、レーダー建設に必要な資材を山頂にある富士山測候所までどうやって運ぶかも課題でした。重い荷物を山頂まで運ぶことができるプロといえば強力(ごうりき)です。しかし強力が背負えるのは、せいぜい五〇キロ程度の荷物まで。建築資材の多くは一〇〇キロから一五〇キロぐらいの重さです。

伊藤さんは最初、資材を馬で運ぼうとしました。富士山では昔から「強力(ごうりき)」とともに「馬方(うまかた)」といって、馬の背中に荷物を積んで運ばせることを仕事としている人たちがいました。馬はだいたい富士山の七合目、八合目あたりまで荷物を運んでいました。

伊藤さんはこの馬に、工事現場となる山頂まで資材を運ばせようと考えました。ところが実際にやってみると、馬は三六〇〇メートルぐらいの地点まで上ると、とつぜん動かなくなりました。そして目に涙(なみだ)をためて泣き出したのです。山頂近くまで来ると酸素が少なくなるため、馬たちは呼吸困難(こきゅうこんなん)になってしまったのでした。

そこで次に伊藤さんは、ヘリコプターで山頂まで資材を運ぶという方法を考えます。工事現場の剣ヶ峰(けんがみね)に、七メートル四方の荷受台を設置。そしてヘリコプターの機体からワイヤーで資材をつり下げて山頂まで運び、荷受台の上空まで来たら、ワイヤーを切りはなして、荷物を荷受台にのせるという方法をとることにしたのです。

しかしこの方法にも難問(なんもん)が立ちはだかっていました。富士山の火口の上空は空気の流れが複雑で、ヘリコプターがこの乱気流(らんきりゅう)に巻きこまれてしまうと、墜落(ついらく)してしまう危険があったのです。過去には実際に墜落(ついらく)事故も起きていました。

そこでヘリコプターのパイロットに何度もテストを重ねてもらい、まずは気流の流れを調べることにしました。その結果わかったのは、ヘリコプターが一メートルでも火口のほうに入ってしまうと、乱気流(らんきりゅう)に巻きこまれて操縦(そうじゅう)が不可能になるということでした。

そのため操縦(そうじゅう)には、とてつもないほどの技術が求められることになりました。しかもヘリコプターの場合、パイロットが周りの状況(じょうきょう)を目で見ながら操縦(そうじゅう)するため、視界(しかい)が良好な晴れた日でないと飛行は不可能です。実際に飛べるのは、夏でも四、五日に一日程度です。

「ヘリコプターだけに頼っていたら、工事は絶対に間に合わない。どうすればいいんだろう……」

伊藤さんは、頭をかかえました。

そこで伊藤さんが思いついたのが、ブルドーザーを利用するという方法でした。山頂までの道幅を広げて、ブルドーザーを使って資材を運ぼうというわけです。

伊藤さんのこの考えに協力してくれたのが、富士山の馬方組合の人たちでした。馬方組合というのは、馬方の仕事をしている人たちの集まりです。富士山の馬方には五〇〇年の歴史がありました。そんなかれらが馬を使って荷物を運ぶという伝統的な仕事のやり方を捨てて、ブルドーザーを利用するという決断してくれたのです。

こうして「どうやって資材を山頂の工事現場まで運ぶか」という難問は、ようやく解決方法が見つかりました。

一生に一度ぐらいは、子どもに自慢できる仕事を残したい

しかし、まだ困難は続きます。

富士山の山頂では、工事のために土を掘りはじめると、すぐに永久凍土にぶつかります。永久凍土とは、土の中の水分が何年ものあいだ凍った状態になっている土壌のことです。永久凍土はものすごくかたく、削岩機という機械を使ってもびくともしませんでした。そこでノミとハンマーを使いながら、手作業でコツコツと掘り進めていくことになりました。

また、富士山頂の空気は地上の三分の二です。そのため工事現場で働いている作業員の多くが酸素不足のために、はげしい頭痛やはきけといった高山病の症状に苦しむことになりました。酸素不足で頭が回りませんから、かんたんな計算もまちがえるといったことも相つぎました。

工事現場では、四〇名ほどの作業員が必要です。しかし多くの作業員が、「もう、こん

なところで働くのはごめんだ」と言いだし、二、三日働いただけで、山を下りていきました。代わりに登ってきた作業員も、またすぐに山を下りていきました。

たしかに富士山頂は、工事現場としてはひじょうに過酷な環境でした。もっと楽に仕事ができる場所は、ほかにたくさんあるでしょう。けれども作業員たちの下山がこのまま続けば、富士山レーダーの建設は確実に失敗に終わります。そこで伊藤さんは、作業員の「心」にうったえかけることにしました。一人ひとりの作業員に、こんなふうに話しかけていったのです。

「人間、せっかく生まれてきたのなら、一生に一度ぐらいは、自分の子どもや孫に自慢ができる仕事を残したいよね。富士山レーダーが完成すれば、東海道線の列車の中からだって、飛行機の中からだって見ることができる。そのたびに『おい、あれはオレがつくったんだぜ』と、むねを張って言えるよね。オレたちは今、そういう仕事をしているんだよ」

伊藤さんの説得の効果があったのか、その後、山を下りる作業員は目に見えて減っていきました。

しかし工事一年目の一九六三（昭和三八）年は、さまざまな困難に直面したこともあり、当初の予定から大きくおくれたまま夏を終えてしまいました。

伊藤さんは、二〇〇四（平成一六）年に出版された『変わる富士山測候所』（春風社）という本の中でインタビューに答え、当時のことをふり返って、つぎのように話しています。

「（工事が）なぜここまで遅れたのか、来年どこまで巻き返せるのかを考えたとき、自然を相手に闘ってはいけない、自然を味方につけて仕事をしなければいけないことに気がついた。下界では通用しても、三七〇〇メートルの世界では通用しないことが数え切れないほどある。

一歩進んで三歩退がる。謙虚に受け止めそれを財産にして、一歩また一歩と進んでいく。どんな難問でも諦めずに知恵をめぐらす。自分自身との闘いです。みんな頑張っている。でも、それだけでは足りない。あの自然のなかでは、絶対に諦めないということが重要な

んです。諦めたらおしまい。昭和三八年の夏、それを嫌というほど教わりました」（『変わる富士山測候所』一一八ページより）

「絶対にあきらめない」という気持ちが通じたのか、つぎの年の夏の富士山は、快晴の日が毎日続きました。伊藤さんは「自然が『いま仕事をしなさい』と教えてくれているようだった」と言います。また前年に試行錯誤を重ねていたぶん、どのように作業を進めていけばいいかについてのノウハウもつかめていました。

そして現場の作業員たちは急ピッチで工事を進め、ついに前年の作業のおくれを取りもどすことに成功しました。

一方、レーダー本体の開発を担当していた三菱電機の技術者には、「レーダー設備を、富士山頂の強風にも耐えられるものにする」という課題が突きつけられていました。瞬間風速一〇〇メートルに達する風が吹いたとしても、耐えられる設備にすることが求められたのです。

技術者たちは、レーダーのアンテナを鳥かご状のドームでおおうことで、レーダーを保護するという計画を立てました。ドームの骨組みにはアルミ合金を用い、その骨組みの中に、ガラス繊維をはさんだ強化プラスチックのパネルをはめこんでいけば、レーダードーム（レドームとも言います）が完成する仕組みにしました。これらは当時の最新技術を駆使したものです。こうして技術者たちは、「一〇〇メートルの強風にも耐えられるものをつくる」という要求に応えたのです。

レーダードームの骨組みは六二〇キロありました。これをブルドーザーで山頂まで持ち上げるのは不可能です。そのためヘリコプターが使われることになりました。

一九六四（昭和三九）年八月一五日。この日は朝から快晴でした。天気図によれば、富士山頂はその後しばらく悪天候が続くことが予想されたため、やるならこの日しかありませんでした。

ヘリコプターの操縦は、トップレベルの技術を持つベテランパイロットである神田真三さんがおこないました。じつは六二〇キロの資材を運ぶことは、本来ならヘリコプターで

ヘリコプターで富士山頂にレーダードームの骨組みを運ぶ（提供：朝日新聞）

も不可能なことでした。ヘリコプターが運べる重さは、四五〇キロが限度とされていたからです。

そこで不可能を可能にするために、まず副操縦席やヘリコプターのドアなどが外されました。機体を少しでも軽くするためです。そして朝に吹くわずかな西風と上昇気流を利用して機体をうかび上がらせ、レーダードームの骨組みを、山頂に設置したレーダードームの取り付け台にすっぽりとおさめるという計画が立てられました。

つまりパイロットには、微妙な風

の動きを読みながら、目標としている場所まで寸分のくるいなく骨組みを運び、そこでワイヤーを切りはなして落とすというとても高度な操縦をおこなうことが求められたのです。

神田さんは、このむずかしい仕事をみごとにやってのけました。伊藤庄助さんをはじめとした多くの人の苦労が、むくわれた瞬間でした。

富士山レーダーができてから、台風の犠牲者は大きく減った

気象レーダーとは、マイクロ波という電波を発射し、その電波が大気中の雨つぶや雪のつぶにぶつかって返ってくる現象を利用して、大気中の水分の分布を知ることができるというものです。レーダー受信機の映像には、雨雲のある場所や高さ、強さなどが映し出されます。

この映像を観測することで、雨雲が強くなりつつあるのか、おとろえつつあるのか、どこに向かおうとしているかといったことを予測することが可能になります。一九五〇年代

から日本でも気象台や測候所に設置されはじめた気象レーダーは、天気予報のレベルアップを図るうえで、画期的な技術といえました。

その中でも富士山測候所に備えつけられた富士山レーダーは、これまで各地に設置されてきた気象レーダーとは大きくちがいました。

富士山レーダーで使われた電波は波長一〇・四センチ、送信出力は一五〇〇キロワット。これは当時世界最大規模（きぼ）でした。

そして富士山レーダーは、日本でいちばん高い山である富士山の山頂に設置されました。そのため、ほかの山にさえぎられることなく、遠くまで電波をとどかせることができます。その観測の広さは、半径八〇〇キロにもおよびました。

これにより日本の本土から遠くはなれた南の海で発生した台風が、どのように発達し、どんな進路をとりながら日本に近づいているかが、手にとるようにわかるようになったのです。早い時期から、正確な台風情報を人びとに知らせることができるようになりました。

富士山レーダーができる前とできたあとで、大きく変わったことがあります。それは台風によって犠牲になった人の数です。

富士山レーダーができる前の伊勢湾台風（一九五九年）では、五〇〇〇人以上の死者・行方不明者が出ました。一方、富士山レーダーが完成した一九六四（昭和三九）年から、その役目を終えて廃止になった一九九九（平成一一）年まで、台風によって一〇〇人以上の死者・行方不明者が出たことは、一度もありませんでした。

もちろん多くの人は、「富士山レーダーのおかげで、台風の被害を受けずにすんだ」なんてことは考えもしなかったでしょう。

けれども富士山測候所に設置された富士山レーダーは、日本を台風から守る「砦」の役わりを、確実に果たしていました。

3 富士山測候所職員の大切だけど、大変な仕事と生活

レーダーができて、職員の仕事内容にも変化が起きた

富士山レーダーができてから、富士山測候所で働く職員の仕事内容にも変化が起きました。

富士山レーダーは、東京の気象台から遠隔操作(えんかくそうさ)ができるようになっていました。気象観測も自動化され、そのデータは東京の気象台に自動送信されました。そのため富士山測候所の職員の仕事も、富士山頂の気象の観測から、気象レーダーや気象観測機器、通信機器

の点検や管理を中心とした業務へと変わっていったのです。

気象レーダーは、最初のうちは故障が多くて大変でした。そんなとき、職員は寝る間もなく対応しなくてはいけませんでした。

また測候所の部屋の中は、気象レーダー関係の機械がたくさん置かれるようになりました。一九三六（昭和一一）年に完成した測候所は、気象レーダーを置くことを想定してつくられたものではありません。そのため使い勝手が悪くなり、職員のあいだでは「測候所を建てなおしてほしい」という声が多く出るようになりました。

そこで一九七〇（昭和四五）年より新庁舎の建設が始まりました。ただし富士山レーダーの建設のときと同じように、工事ができるのは夏の三か月間だけです。そのため工事は四か年の計画でおこなわれることになりました。

この工事を担当したのも、大成建設の伊藤庄助さんでした。台風なみの強い風が一年間に何日も吹くきびしい自然環境に耐えられる建物にするためにはどうすればいいか、伊藤さんは頭を悩ませていました。

そんなある日、伊藤さんが新幹線に乗っていたときのことです。反対方向から来たほかの新幹線とすれちがったときに、伊藤さんはひらめきます。「そうか、建物を新幹線のようなかたちにすれば、風圧に耐えられるがんじょうなものにできるぞ」と。新庁舎は新幹線の構造を参考にして、かまぼこ形のかたちにつくられることになりました。

一九七三（昭和四八）年秋、一号庁舎から四号庁舎まで四つの建物からなる新庁舎が完成しました。新庁舎には暖房が完備されており、またプライベートを確保できるように、職員の人数分の個室も確保されていました。

それまでの庁舎では、暖房がなくて職員は寒い夜には寝つけず、湯たんぽで体を温めながら眠ろうとしたり、朝目が覚めると、布団の上が霜で真っ白だったりといったことがありましたから、以前と比べれば見ちがえるような環境になったといえます。

ただし新庁舎の完成によって、山頂での生活が地上と変わらないぐらいに快適になったかというと、そんなことはありませんでした。当時、富士山測候所で働いていた志崎大策さんは、ある雑誌に次のような文章を寄せています。

かまぼこ形につくられた新庁舎（提供：朝日新聞）

「新庁舎の住み心地はと聞かれると大変に弱るのである。何しろ富士山頂の気圧は平地の三分の二であり、ここに交替で登山し、二十日程の滞在をするのだから、座っているだけで大変であり、その上に仕事をするので高地順応（筆者注：高いところに体が次第になれてくること）があるとはいえ住心地が良いわけはない」（『建築月報』一九八二年一一月号より）

富士山頂での生活は、以前と比べればよくはなりましたが、大変であることには変わりはなかったのです。

またこのころから、職員が富士山から山頂に登るときの方法も、以前とは変わってきました。

まず富士山レーダーの建設中に、ブルドーザーで山頂まで登れるようになったことで、雪のない時期であれば、職員もこれを利用できるようになりました。交代のために山に登るときには、職員はまず富士山中腹の太郎坊（標高一三〇〇メートル）で一泊します。そこからブルドーザーに乗れば、四時間ほどで山頂に到着です。

また一九六八（昭和四三）年には雪上車も導入されました。雪上車とは、タイヤの部分がベルト状のキャタピラになっていて、ふつうの車だったら走れないような雪道でも走行できる車のことです。冬のあいだはこの雪上車に乗って、太郎坊から一時間半ほどかけて五合目あたりまで登り、そこからは徒歩で七時間ぐらいかけて山頂まで登っていました。

ただし富士山の自然環境は、いつも同じではありません。雪の状態によっては、雪上車が五合目までたどり着けないときもあります。そんな場合には、その地点からの徒歩になります。

また歩きはじめたものの、天候が悪化するなどして、その日のうちに山頂まで登るのをあきらめたほうがいいこともあります。そんなときには二つの選択肢がありました。一つは七合八勺（標高三二八〇メートル）に設置されている避難小屋まで登って、そこで朝まで過ごすか。もう一つは避難小屋まで登るのも危険なので、思い切って下山するかです。こうした判断は、リーダーである班長にすべてゆだねられていました。

ブルドーザーや雪上車が導入されたことで、たしかに以前と比べれば山頂までの登山は楽になりました。登山時間も短くなりました。

ただし短くなったといっても、冬の富士登山ではきびしい寒さや強風の中を、七時間ぐらいかけて歩かなければなりません。職員たちは登山家ではありません。職員たちが富士山に登るのは「趣味」ではなく、職場への「通勤」のためであり、富士山以外の高い山には登ったことがないという人も多くいました。

日本中をさがしても、こんなに大変な思いをして職場に通勤をしていた人たちはいなかったでしょう。そのため富士山測候所で働く職員は、「日本一危険な公務員」とよばれていました。

山頂での生活でいちばん大事なのはチームワーク

佐藤政博さんは、一九七六（昭和五一）年から一一年間、富士山測候所に勤務していました。その後しばらく気象庁のほかの職場で働いていましたが、一九九七（平成九）年から三年間はふたたび富士山測候所にもどってきて所長を務めていました。

富士山測候所勤務をはじめたとき、佐藤さんは三六歳。それまで札幌の気象台などで働いてきた佐藤さんは、富士山レーダーを見学する機会があったことなどをきっかけに、「自分も気象観測をおこなう最前線で働いてみたい。それならやっぱり富士山がいちばんだ」という気持ちが次第に強くなっていきました。そこで富士山測候所勤務の希望を出したところ、希望が通ったのです。

佐藤さんの時代、富士山測候所で働く職員は二四日ごとに勤務を交代していました。測候所勤務は一年に四回程度なので、年間一〇〇日近く富士山の山頂にいたことになります。職員は測候所に勤務していない期間は、東京の気象台か御殿場基地事務所のどちらかに分かれて働いていました。気象台では職員は、富士山レーダーを東京から遠隔操作し、気象データの観測にたずさわっていました。一方、富士山のふもとにある御殿場基地事務所では、ブルドーザーや雪上車の手配や、測候所でトラブルが起きたときのサポートなどの仕事をおこなっていました。

佐藤さんが勤務していたのは、東京の気象台のほうでした。測候所で働いている期間は当然家には帰れませんし、気象台でも夜間の勤務が入ることが多かったため、自分の家で夜を過ごせる日にちは、一年間で半分ぐらいだったといいます。

「ちょうど子どもは成長期の大切な時期だったのに、あまり家族のために時間をかけることができなくて……。家族には苦労をかけてしまったなと思います」

と、佐藤さんは当時をふり返ります。

測候所に勤めるメンバーは、班長、レーダー担当、気象観測担当、通信担当、調理担当の一班五人の体制で構成されていました。佐藤さんはこれまで勤めてきた職場で主に通信を担当してきたこともあり、富士山測候所でも最初は通信担当になりました。その後、気象観測担当を経て、班長も務めました。

ちなみに通信とは、気象に関する情報のやりとりを無線でおこなうというものです。日本一高いところにある富士山測候所は、各地の気象台や測候所を結ぶ通信の中継所としても大切な役わりを担っていました。

職員は、ふだんは自分が担当している仕事に責任を持って取り組むとともに、機械の故障などのトラブルが起きたときには、みんなで一つになって対応することが求められました。

協力が求められたのは、生活の場面でも同じです。富士山測候所では、お風呂や料理、飲み水などに使われる水は、自分たちで確保しなくてはいけません。水を確保するときには、観測塔についている氷や、建物の周りに降りつもっている雪をみんなでかき集め、三号庁舎の地下一階に設置された水そうに投入します。そしてヒーターで雪や氷を溶かし、

観測塔の氷雪を取り除く職員たち（提供：佐藤政博氏）

ゴミやよごれをろ過して、水として使える状態にしました。こうした作業も、全員で協力しながらおこなわれました。

富士山というきびしい自然環境の中で、たった五人で生活しているわけですから、富士山測候所生活では、なによりもチームワークが重視されたのです。

「一つの班には、気象庁に勤めはじめたばかりの二〇代前半の若者もいれば、五〇代のベテラン職員もいます。けれども自分の年齢が上だからというだけでえらそうにしていたり、仕事を若手におしつけたりしていては、仲間から信頼を得られません。わたしも富士山測候所での生活を通じて、協調性がみがかれたと思います」
　と、佐藤さんは語ります。

　気象庁では、国が取り組んでいる南極観測隊に職員を派遣(はけん)しています。当時富士山測候所で働いていた職員の中には、南極で働くことを希望している人も多くいました。佐藤さんによれば、実際に希望が通った人を見てみると、協調性が高い人が多かったそうです。南極も富士山測候所と同じく、集団で長期間生活することになるので、協調性が重視(じゅうし)されていたのです。

　ちなみに佐藤さんが、南極観測隊から帰ってきた何人かにたずねたところ、多くの人が「富士山頂と南極とでは、富士山頂の勤務のほうが大変だった」と答えたそうです。寒さは南極のほうがきびしいですが、気圧が低く、空気が少ない富士山頂のほうがつらかったというのです。富士山測候所がどれだけ大変な職場であったかが、よくわかるエピソードです。

大切な仲間を失う経験をする

佐藤さんは、富士山頂でいろいろな経験をしました。

佐藤さんが富士山測候所に勤めはじめた一九七〇年代、東京は大気汚染がひどく、光化学スモッグが問題になっていました。工場や自動車などから出た窒素酸化物や揮発性有機化合物は、太陽の紫外線を受けると化学反応を起こし、光化学オキシダントになります。この光化学オキシダントの濃度が高くなったものが、光化学スモッグです。光化学スモッグが発生すると、人によって呼吸困難や頭痛、はきけ、意識障がいなどの症状を起こします。そのため光化学スモッグ注意報や警報が発表されると、学校では屋外の活動が中止になり、校舎内に避難するといったことがおこなわれました。

光化学スモッグが起きると、大気中にもやが発生します。そのため富士山頂から東京のほうを見ると、グレーの色をしたもやが東京をおおっている様子がはっきりと見えたそうです。

富士山頂からは、遠方や下界の様子が手にとるようにわかるのです。

一九八五（昭和六〇）年八月一二日には、夕方六時に羽田空港を飛び立ち、大阪へと向かっていた日本航空の飛行機が操縦（そうじゅう）不能となり、富士山の近くでレーダーから消えるといったことが起きました。

このとき佐藤さんはちょうど富士山測候所に勤務しており、羽田空港からの電話を受けとりました。「航空機が富士山の近くで行方不明になったのだが、目撃（もくげき）しなかったか」という問い合わせを受けて、佐藤さんはあわてて望遠鏡とカメラを持って外へと飛び出しましたが、見つけることはできませんでした。

日航機は、つぎの日の朝になって、群馬県の山中に墜落（ついらく）していることが発見されました。死者五二〇名、生存者（せいぞんしゃ）四名という日本の航空機の歴史の中でも最悪の事故になりました。

「もし、あのとき自分が目撃（もくげき）できていたならば、もっと早く墜落（ついらく）場所も発見できていたのではないか」

そう考えると、佐藤さんはくやしい気持ちでいっぱいになったそうです。

佐藤さんは、大切な仕事仲間を失うという悲しい経験もしました。

一九八〇（昭和五五）年四月、富士山測候所の歴史の中で四人目の殉職者が出ました。亡くなったのは福田和彦さんという二六歳の若者です。

佐藤さんは、何度も福田さんといっしょに測候所に勤務したことがあり、南極に行きたいという夢があることも聞いていました。婚約者がいて、今回の勤務を終えて下山をしたら、結婚式をあげる予定でした。

その日、佐藤さんは東京の気象台でレーダー観測の当番をしていました。すると測候所から、福田さんが勤務中に富士山の火口にすべり落ちたという知らせを受けました。さらに今度は御殿場基地事務所から、福田さんが亡くなったという連絡が入りました。

佐藤さんは次の日、職員の仲間たちといっしょに御殿場までかけつけます。そこから山頂まで登り、福田さんの遺体をみんなでふもとまで下ろすためです。ところが悪天候のために、数日間富士山に登れない状態が続きました。ようやく天候が回復したとき、佐藤さんたちは富士山に向かって、「富士山よ、今日は大切な仲間をむかえに行かなくてはいけないのだから、どうか静かに見守っていてくれよ」と声をかけました。そして山頂に向かい、福田さんを富士山中腹の太郎坊まで下ろしました。太郎坊では福田さんの家族や婚約者が、福田さんの帰りを待っていました。

その二か月後の六月、佐藤さんも山頂勤務のときに足を骨折する大けがを負いました。寒さで凍っていた岩盤上の砂利道を歩いていたときに、足をすべらせてしまったのです。下山後、佐藤さんはすぐに入院。完全に治るまでに時間がかかったため約一年間、山頂勤務ができなくなりました。

佐藤さんが転んで足を折った岩盤あたりを、その後仲間たちは「佐藤岩」とよぶようになりました。名前をつけておけば、そこを歩くときに「ここは佐藤さんが骨折したあたりだ。気をつけよう」という注意が働くからです。

富士山頂からレーダーがなくなり、職員も山を下りた

一九九〇年代に入ると、時代の変化の波が富士山頂にもおしよせてくるようになります。このころになると、富士山測候所を縁の下の力持ちとして支えてきた強力を職業とする人たちが次第に減ってきました。かれらは富士山測候所に荷上げをするほかに、登山客が泊まる山小屋にも荷物を運んでいましたが、ブルドーザーで荷物を山の上まで運べるようになったことで、仕事が少なくなってきたのです。最後の強力とよばれ、この仕事に二〇年以上たずさわってきた並木宗二郎さんが引退したのは、一九九四（平成六）年のことでした。

富士山測候所も夏のあいだは、ブルドーザーで荷物を運ぶことができます。けれども一一月ごろから四月ごろまでの期間は、雪のためブルドーザーは使えません。そのため並木さんが引退してからも、測候所では強力を必要としていました。そこでこのころから、

ヒマラヤなどの海外の山に登っている経験豊富な登山家の人たちに、強力の仕事をたのむようになりました。

一方、富士山レーダーも、台風から日本を守る主役ではなくなりつつありました。

一九七七（昭和五二）年、気象庁と宇宙開発事業団（現・宇宙航空研究開発機構）が開発した気象衛星「ひまわり」が打ち上げられ、つぎの年から観測を開始しました。「ひまわり」は赤道上空の約三万六〇〇〇キロメートルのところで、地球の自転と同じスピードで地球の周りを回っているため、いつもアジアからオセアニア、西太平洋にかけての同じ範囲を連続して観測することができます。そのため「ひまわり」のほうが富士山レーダーよりも、早く台風の発生やその後の動きをつかめるようになったのです。

また富士山レーダーにたよらなくても、全国二〇か所に設置されていたレーダーの画像を組み合わせて一つにすれば、全国の雨雲の様子がわかる技術も発達してきました。

富士山レーダーは一九六四（昭和三九）年に完成したあと、一九七八（昭和五三）年に

富士山レーダードーム館（富士吉田市）

二代目のレーダに取り替えられていました。しかし一九九〇年代に入ると、二代目レーダーも老朽化が進み、そろそろ新しくする時期が近づいてきていました。

そんな中で気象庁は、富士山レーダーを廃止するという決定をくだします。富士山レーダーを更新するよりも、新たに長野県茅野市と諏訪市の境にある車山と静岡県の牧之原に気象レーダーを設置したほうが、工事費も半分ちかく安くなるし、この二つのレーダーが富士山レーダーの代わりを十分に果たしてくれると判断したのです。

一九九九（平成一一）年一一月一日、富士山レーダーはその役わりを終えました。このとき富士山測候所の所長を務めていたのは、佐藤政博さんでした。佐藤さんはこう話します。

「それはもちろんさびしかったですよ。でも日本の気象技術が進歩した結果なのだから、前向きな気持ちでとらえなくてはいけないと思いました」

遠く八〇〇キロメートル先までにらみを利かせ、日本を台風から守ってきた富士山レーダーは、富士山頂から取り外され、今は山梨県富士吉田市にある富士山レーダードーム館という博物館に展示されています。この博物館では、当時測候所で使われていた機器も展示されており、気象観測の歩みを学ぶことができます。

そして富士山測候所は二〇〇四（平成一六）年一〇月一日には、最後の勤務となった職員が山を下り、無人になりました。職員が測候所にずっといなくても、山頂に自動観測機器があれば観測は可能だと判断されたのです。

この日、富士山頂での有人観測の歴史に、一つのピリオドが打たれたのでした。一九三二（昭和七）年に臨時富士山頂観測所が開設されてから七二年の年月が、野中至・千代子夫妻が冬の富士山頂で観測を試みたときから一〇九年の年月が経っていました。

4 富士山測候所を守れ！ 立ち上がった科学者たち

富士山測候所は「ここでしかできない研究」ができる場所

それは富士山測候所が無人化される約一年前、二〇〇三（平成一五）年一〇月のある寒い日のことでした。当時江戸川大学の教授だった土器屋由紀子先生のもとに、気象庁の研究機関である気象研究所の所長から一本の電話がかかってきました。内容は「富士山測候所に置いてある観測機器について、お願いしたいことがあります。お会いしてお話しできないでしょうか」というものでした。

「これはきっとよくない話だ」という直感が、土器屋先生の頭をよぎりました。富士山測候所がまもなく無人化される予定であることは、土器屋先生も知っていました。「きっとそれに関係することだ」と思ったのです。

土器屋先生は、空気や雨つぶなどの中にある化学物質について研究する大気化学の研究者です。江戸川大学に勤める前は、気象大学校（気象庁でリーダーとして働く人を育てる学校）や東京農工大学（とうきょうのうこう）に勤めていました。気象大学校時代の一九九〇（平成二）年、先生は富士山測候所の建物の一部を借りて、学生たちといっしょに富士山頂で雨の採取を開始。またエアロゾル（大気中を飛んでいる目に見えないごく小さな固体や液体のこと）や、オキシダントの測定も始めました。東京農工大学を経て江戸川大学に移ってからも、それらの観測を富士山測候所で続けていました。

悪い予感は当たっていました。後日、気象研究所の所長と会ったとき、こう告げられたのです。

「ごぞんじのように、富士山測候所は来年にも無人化されます。無人化されれば、建物の

土器屋由紀子先生

電気は止めてしまいます。電気がなければ先生が測候所に置いている観測機器も使えなくなってしまうので、できるだけ早く測候所から機器を持って帰ってくれませんでしょうか」

科学者にとって、自分の研究を中断させられてしまうことほどショックなことはありません。とくに土器屋先生のような研究の場合、何年も続けることに意味があります。大気中のエアロゾルやオキシダントがどう変化しており、それによって大気の状態が以前よりもきれいになっているのか、それとも汚くなっているのかといったことは、同じ場所で長年観測してみないとわからないことだからです。

富士山測候所が研究に使えなくなることにショックを受けたのは、土器屋先生だけではありませんでした。先生が富士山頂で観測を始めてしばらくしてから、富士山測候所に機器を置いて、オゾンや二酸化硫黄といった大気中の物質を観測をする科学者が、ほかにも何人か出てきていたからです。

大気化学者にとって、富士山頂はとても魅力的な場所です。

大気の層は、宇宙に近いほうから熱圏、中間圏、成層圏、対流圏の四つよりできています。さらに対流圏は自由対流圏と大気境界層に分かれており、わたしたちの多くはいちばん下の大気境界層で暮らしています。

大気境界層では、人がさまざまな活動をおこなっています。自動車は排気ガスを出しながら動いていますし、工場の煙突からはいろいろな物質をふくんだ煙が出されています。また地面の熱や摩擦、地形の影響を受けて、大気は複雑な動きをしています。

ですから、たとえば「地球の大気汚染がどんなふうになっているか、調べてみよう」と思って、大気境界層の空気を採取したとしても、多くの人が活動している都会とそうではない田舎とでは、ちがう結果が出てきます。その地域の状況はわかったとしても、地球レベルの状態を把握することはできません。

一方、富士山の山頂は自由対流圏に位置しています。自由対流圏の空気は、基本的には大気境界層での人間の活動の影響は受けません。ただし大型の低気圧や強い上昇気流などが発生すると、空気が上空へとまきあげられ、大気境界層にあった大気汚染物質も、その一部が自由対流圏へと上がっていきます。

自由対流圏では、つねに強い風が一定方向に吹いています。緯度が三五度から六五度にかけてのエリア（日本もこのエリアの中にあります）では、偏西風といって、西から東へと風が吹いています。風は一定期間で地球を一周します。そして自由対流圏に上がってきた一部の大気汚染物質も、この風にのって地球を回っています。

そのため自由対流圏の空気を採取して、そこに汚染物質がどの程度ふくまれているかを調べれば、地球レベルの大気汚染の状況がわかるわけです。これらの汚染物質は、国境を

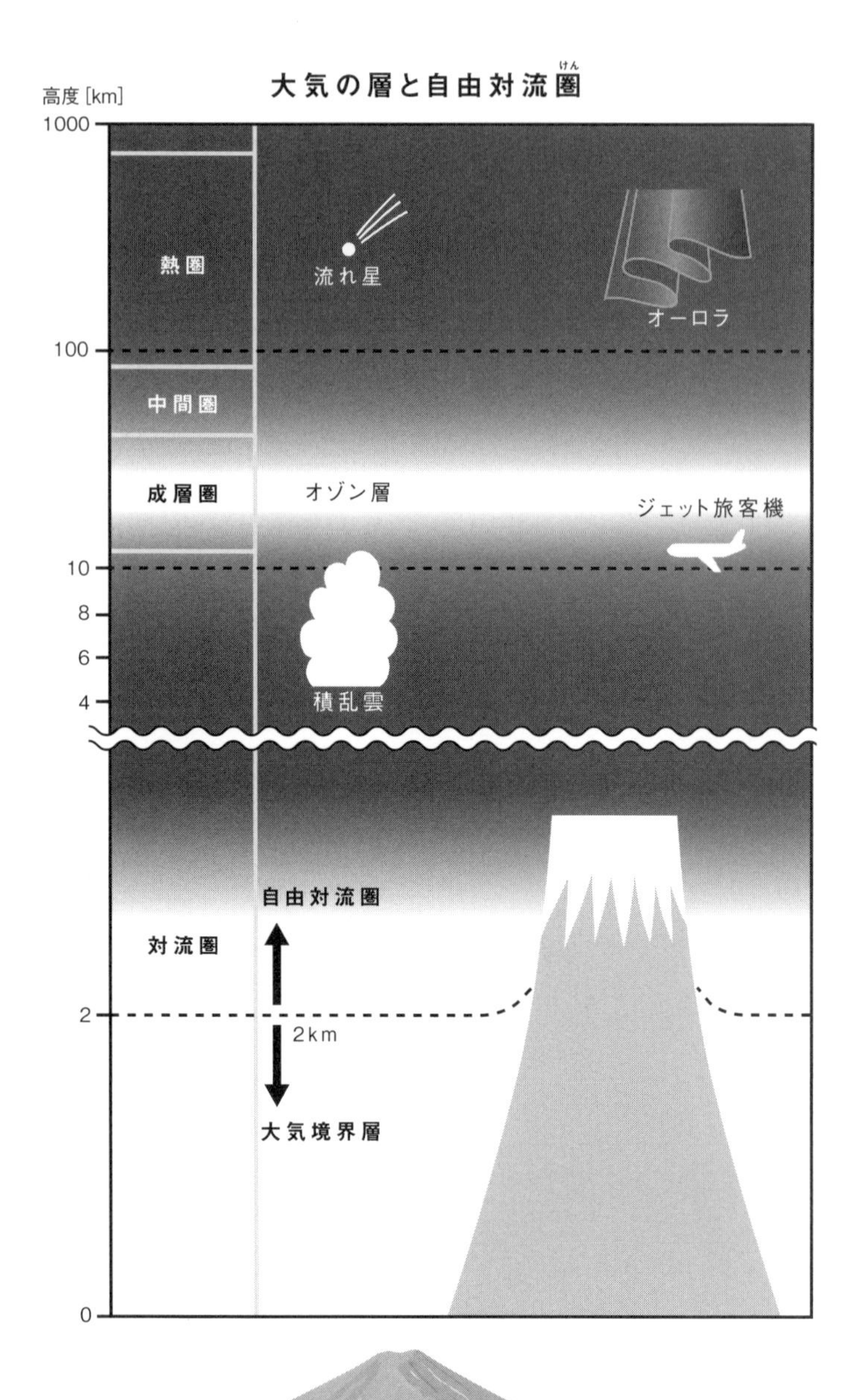
大気の層と自由対流圏
高度［km］
1000
100
10
8
6
4
2
0
熱圏
中間圏
成層圏
対流圏
流れ星
オーロラ
オゾン層
ジェット旅客機
積乱雲
自由対流圏
2km
大気境界層

越えて運ばれてくるため「越境大気汚染物質」といわれています。自由対流圏に突き出ている富士山の山頂であれば、この越境大気汚染物質を測ることが可能なわけです。

自由対流圏に位置している高所では、地球レベルの大気の状況を観測できることから、世界には標高二五〇〇メートル以上の高山で大気観測をおこなう施設が三〇か所近く設けられています。有名なところでは、ハワイのロア山にあるマウナロア観測所（三三九七メートル）や、スイスのユングフラウヨッホ大気観測所（三四五〇メートル）などがあります。

そうした世界の観測所とくらべても、富士山頂はばつぐんの好条件を備えていました。いくら山頂が自由対流圏に位置しているといっても、実際には大気境界層にある大気汚染物質が、山のふもとや中腹から山の表面を伝って山頂のほうに上がってきます。すると自由対流圏を流れている越境大気汚染物質と、大気境界層から上がってくる汚染物質が混じり合ってしまうため、正確な数値を求めるときには注意が必要になります。

ところが富士山の場合は、ほかの高い山とくらべると、スマートで山頂がとんがった形をしているため、大気境界層の大気汚染物質が、山のふもとや中腹から上って来にくいという特徴があります。そのぶん越境大気汚染物質の状況を正確に測ることができるわけです。

また富士山のある日本列島は、アジアのいちばん東側に位置しています。当時からアジアでは、中国をはじめとした国々が急速な経済発展をとげつつありました。そのため工場や自動車などから大量の汚染物質が排出され、大気汚染が深刻な問題になってきていました。中国などで排出された大気汚染物質は、自由対流圏にまで上がってくると、緯度が近く、また風下である富士山頂に流れてきます。ですから富士山頂で観測をすれば、中国などの経済活動が、地球レベルの大気汚染の状況にどのような影響をあたえているかをつかむことができるわけです。

このように富士山は地理的にも、絶好のポイントに位置しています。

富士山測候所では、一九九九（平成一一）年に富士山レーダーが廃止になってから、それまではレーダー準備室だった部屋を、測候所長の好意によって大気観測に関するさまざまな機器を置いた大気化学観測室として使えるようになっていました。大気化学者たちが観測や研究をしやすい環境が整ってきていました。

じつはハワイのマウナロア観測所も、以前は気象の測候所だったものが、大気の観測所になったものでした。だから富士山測候所についても「マウナロア観測所と同じように、大気観測の拠点にできるのではないか」という夢が、大気化学者たちのあいだで広がりつつありました。

ところがその夢が、「富士山測候所は無人化するので、観測機器を早く持って帰ってください」という気象庁からの通知によって、急速にしぼみそうになったのでした。

それでも科学者たちはあきらめられなかった

けれども大気化学者たちは、あきらめることはできませんでした。

何年間にもわたって山頂で観測を続けてきたおかげで、ようやく研究成果がかたちになりつつある時期だったからです。

また地球温暖化や大気汚染が社会的な問題となっているなかで、富士山頂で大気の観測を続けることの重要性も、これまで以上に高まっていました。たとえば地球温暖化は、二酸化炭素やメタン、フロンといった温室効果ガスの増加が原因だとされています。今後、地球温暖化がどのように進むかを予測するためには、そもそも温室効果ガスの濃度が今どうなっているかについての基礎的なデータをちゃんと数値でつかめていないと、検討することはできません。富士山頂は基礎データを蓄積していくうえで、世界的に見てもとてもよい条件を備えている場所です。こうした場所を失ってしまうのは、あまりにも大きな痛手です。

富士山測候所を継続して利用できるようにするために、大気化学者たちがまずおこなったのは、大気化学以外の分野で富士山頂で活動している科学者たちとつながることでした。

富士山頂は、ほかの分野の科学者たちにとっても「ここでしかできない研究」ができる場所でした。

たとえば高い山に登ると、頭痛やはきけ、めまいといった高山病の症状が出る人は少なくありません。高山病は二五〇〇メートル以上の山で起こり、三五〇〇メートル以上の「高高所」とよばれる高さになると、とくに注意が必要です。日本で三五〇〇メートル以上の山といえば、富士山しかありません。そのため高山病の研究をしている高所医学の科学者にとって富士山は、高高所に登ったときに人間の体がどうなるかや、高山病になるリスクを減らすためにどうすればいいかなどを解明するうえで、とても貴重な場所でした。

また、土にふくまれている水分が二年以上にわたって凍った状態になっている土壌のことを永久凍土といいますが、日本で永久凍土がある場所は富士山や北海道の大雪山など、ごく限られています。永久凍土の研究をしている科学者にとっても、富士山は貴重な場所です。

こうしたさまざまな分野の科学者が富士山測候所を利用できれば、それぞれの分野ですぐれた研究成果をあげられるようになることが期待できます。

そこで土器屋先生たちは、天文学や高所医学、植物生態学などのさまざまな分野の科学者によびかけて、いっしょに「富士山高所科学研究会」というグループを立ちあげました。

研究会の人数は、全部で五〇人ほどになりました。

そのうえで次におこなったのが、環境省や文部科学省などに働きかけることでした。環境問題を担当している環境省や、日本の科学技術の発展を支えることを仕事のひとつとしている文部科学省であれば、科学者たちが富士山測候所で研究をおこなうことの意義を理解してくれるのではないかと考えたのでした。研究会のメンバーが期待していたのは、環境省か文部科学省が予算を投じて富士山測候所を気象庁から引き取って運営をおこない、科学者たちに対して測候所を研究活動の場として提供してくれることでした。

ところが環境省や文部科学省内のいろいろな部署を訪ねても、「それはすばらしいことですね」とは言ってくれるのですが、「では、うちの組織が測候所を引き取りましょう」とは言ってくれませんでした。

土器屋先生たちは、「省庁の壁」を感じました。日本の役所は省庁間の横のつながりがあまりできていないために、「ほかの省庁の施設だったものを別の省庁が引き取って運営するというのは、これまでおこなわれてこなかったし、これからもだれもやろうとしないんだな」ということがわかったのです。

しかし、だからといってあきらめるわけにはいきませんでした。科学者たちは、覚悟を決めました。環境省や文部科学省にたよることができないのなら、自分たちが直接気象庁と契約を結んで測候所を借り、運営するしかないと考えたのです。

科学者たちは、自分たちが測候所を運営できる体制をきちんと整えていることを国から認めてもらうために、研究会をＮＰＯ法人にすることにしました。ＮＰＯ法人とは、社会貢献活動などをおこなうお金もうけを目的としていない団体のことで、法律が定める設立の条件を満たしており、国または自治体による審査をとおれば、法人として正式に認められるというものです。二〇〇六（平成一八）年、無事審査はとおり、「ＮＰＯ法人富士山測候所を活用する会」（以下、「ＮＰＯ法人富士山」）として活動することになりました。

一方でメンバーたちは、国会議員にも富士山測候所を科学者が利用することの意義を訴えかけていました。その活動が実を結ぶときがきます。

これまで国の施設（富士山測候所も国の施設です）を民間団体に貸し出すことはできませんでしたが、二〇〇六（平成一八）年に国有財産に関する法律を改正する案が国会に出されて可決され、民間団体が借りることができるようになったのです。

また気象庁でも、無人になってスペースに余裕ができた富士山測候所を、今後どう活用していくかについての検討がおこなわれていました。科学者たちはこの検討委員会に出席し、これまで自分たちが富士山測候所を利用してどんな活動をしてきたかについての説明や、今後も利用し続けたいという思いを委員たちに訴えかけました。

その結果、気象庁では富士山測候所の民間への貸し出しを決定します。こうして一度は閉ざされかけていた道が、ふたたび開けてきたのでした。

NPOが直面することになった いくつもの課題

二〇〇七（平成一九）年五月、気象庁は富士山測候所の施設を借りたいと希望する団体の募集をおこないました。その結果、「ＮＰＯ法人富士山」ともう一件ある企業からの応募がありましたが、その企業が辞退したため、貸付先は「ＮＰＯ法人富士山」に決定しました。そしてさっそく科学者たちは、その年の夏から富士山測候所を利用して富士山頂で観測を始めることにしました。

このときのことを土器屋先生は、「うれしかった反面、これからＮＰＯをちゃんと運営していかなくてはいけないという強い責任も感じました。責任感のほうが大きかったかもしれませんね」とふり返ります。

富士山頂は「ここでしかできない研究」ができる場所ですが、危険が多い場所でもあります。富士山測候所で気象庁の職員が働いていたときには、四人の殉職者が出ました。科学者たちが富士山頂で研究中に事故にあうようなことは、絶対に起こしてはいけません。

一方気象庁からは、富士山測候所を貸し出すにあたって、きびしい条件が課されていました。まず科学者たちが山頂に滞在できるのは、安全のために夏の二か月間だけに限られていました。

また、研究や教育活動以外の目的で利用することも禁止されました。たとえば新聞社やテレビ局の人たちが測候所を取材することは認められましたが、かれらを測候所に滞在させることは許されませんでした。気象庁も施設を民間に貸し出すのは初めてのことだったので、トラブルの発生をさけるために神経質になっていたのです。

さらには当初は「送電線を貸すことはできない」と気象庁から言われました。けれども送電線がなければ電気は使えず、観測機器を動かすことができません。

富士山測候所には、富士山のふもとから送電線で電気が送られています。そこで「送電線が故障したときには、修理にかかるお金はすべてＮＰＯ側が出す」という約束で、送電線を貸してもらうことができることになりました。

測候所の運営にあたっては、送電線の修理費以外にも、気象庁に払う家賃や古くなってきている測候所の建物の修繕費、観測機器などをブルドーザーで山頂に運ぶときにかかる運搬費、ゴミやし尿の処理にかかる費用など、さまざまなお金が必要になり、その額は一年間で数千万円に達します。

こうしたお金をどのように工面していくかも、大きな課題でした。世の中には、社会性の高い活動やすぐれた研究をおこなっている組織・個人に対して支援している団体があります。そこでこうした団体がおこなっているプログラムに応募。採用されて得られる助成金を活動資金の柱にすることにしました。また一般の人からの寄付も、活動の支えになっています。さらにはある時期からは、富士山測候所を利用している科学者の人たちから、利用料をいただくことにしました。

ただし活動資金の工面については、今も苦労が続いています。

しかし何と言ってもいちばんの課題は、富士山頂での科学者や学生たちの安全をどのように確保するかということでした。

土器屋先生は、ある人物に声をかけることにしました。日本ヒマラヤ協会に所属している登山家の岩崎洋さんです。

岩崎さんは、若いときからヒマラヤをはじめとした世界の山に数多く登っており、高所に関する経験や知識が豊富でした。

また富士山測候所とも関わりがありました。一九九五（平成七）年より、冬のあいだだけ臨時の職員として測候所に勤務していたからです。岩崎さんの担当は調理でした。測候所ではこのころになると、調理担当については正規の職員ではなく、臨時職員を雇うようになっていたのです。

岩崎さんは測候所では調理の仕事のかたわら、山での豊富な経験や知識を生かして、山頂勤務員たちの健康面にも気を配っていました。

気圧が低く、酸素が少ない富士山の山頂では、かぜなどのちょっとした体調不良からどんどん症状が重くなり、意識不明になるようなことが起こりえます。

顔色が悪く、つらそうにしている職員がいるときには、パルスオキシメータという医療機器を使って血中酸素飽和度（血液中の酸素の濃度のこと）を測り、必要な場合には酸素吸入をおこないます。また、このまま山頂にいると危険だと判断したときには、みんなで協力しながら、その職員を下山させることになります。

岩崎さんは富士山測候所で、こうした経験を重ねていました。だから岩崎さんであれば、もし科学者たちが山頂で健康状態が悪くなったときに、適切な判断ができるだろうということになったのです。

また科学者たちは、研究に対しては熱い情熱を持っていますが、測候所の運営については経験もノウハウも持っていませんでした。

測候所の運営にあたっては、たとえば山頂まで荷物を運んでくれるブルドーザーの手配をどうするかや、ゴミの処理はどのようにおこなえばいいかなど、考えなくてはいけないことがいくつもあります。そうした細かい運営のノウハウについても、岩崎さんからのアドバイスが非常に役に立ちました。また一〇年以上にわたって富士山測候所に勤めてきた佐藤政博さんなど、気象庁の元職員からも、いろいろなノウハウを教えてもらえました。

利用者の命と健康、そして測候所を守る山頂班の役わり

「ＮＰＯ法人富士山」では、岩崎さんを中心とした登山家のメンバーから構成される山頂班というチームがつくられました。

科学者たちが富士山測候所で観測をおこなうのは、七月と八月の二か月間ですが、山頂班の仕事は五月から始まります。

測候所は秋から冬にかけて無人になっているあいだに、建物の傷みが進んでいる可能性があります。とくに多いのが雨もりです。そのため五月に山頂に登ったら、まず建物の外で不具合が起きている場所をチェックします。また富士山のふもとと測候所を結んでいる送電線の状態も点検します。そして六月のあいだに修理の計画をつくります。

また晴れている日には布団を干すなどして、施設をいつでも利用できる体制を整えたう

下山する利用者を見送る岩崎洋さん（左から二番目）

えで、七月の開所をむかえるのです。

測候所が開所になってからの山頂班のいちばんの仕事は、なんといっても山頂に登ってきた科学者や学生たちの健康管理です。かれらの多くは登山の素人（しろうと）です。そのため約三人に一人には軽い高山病の症状（しょうじょう）が起きます。軽度の頭痛（ずつう）や微熱（びねつ）程度であればいいのですが、富士山頂では急速に症状（しょうじょう）が進むことがあります。そのため岩崎さんたちは利用者に対して、「つらくなったら、がまんをしないで早めに教えてください。夜中に起こしてもらっても、かまいませんよ」と伝えています。

山頂班のメンバーは全部で一〇数人おり、測候所が開いているあいだは、そのうちの三人が必ず山頂に滞在するようにしています。もし利用者のうちのだれかが病気やケガなどで山を下りなくてはいけなくなった場合、三人のうちの二人が利用者を下まで運び、一人は測候所に残って仕事をおこなっています。

山頂班のメンバーは、利用者の命を守り、同時に測候所を守るという大切な役わりを担っているため、どうしても三人は必要なのです。

岩崎さんには、山頂班のメンバーを選ぶときに、ひとつの目安にしていることがあるそうです。それはヒマラヤ登山の経験がある登山家の中でも、ロープを使ったクライミングをしているかどうかということ。クライミングとは、傾斜が急な岩や山を、自分の手と足でよじ登っていくことをいいます。

ヒマラヤは、世界最高峰のエベレスト（標高八八四八メートル）をはじめとした非常に高い山々が連なっている山脈です。ヒマラヤには、富士山をはるかにこえる過酷な自然環境が待ち構えています。そこでのクライミングは、ひとつまちがえると命を落としてしまうリスクがあります。そうした環境の中でクライミングによる登山を経験すると、ある力が鍛えられていくと岩崎さんは話します。

「ロープを使ったクライミングでは、一人が五〇メートル登ったら、下で待っていた一人がまたロープを使って五〇メートル登るというふうにして登っていきます。登っているときは一人ですし、待っているときも一人です。ですから何かトラブルが起きたとしても、周りに指示をしてくれる人はいません。すべて自分で判断し、行動しなくてはいけないのです」

つまりどんな場面になっても冷静さを保ち、だれにもたよらずに、自分で考え、行動できる力が鍛えられていきます。

こうした力は、山頂班のメンバーとして富士山測候所で働くときにも役に立つと岩崎さんは考えています。

たとえば体調が悪化して下山することになった利用者が出てきたとき、三人いる山頂班のうちの二人で利用者をふもとまで運んでいるあいだ、残りの一人は山頂に残って測候所を守ることになります。

富士山頂は、雷がとても多い場所です。もし雷がふもとと測候所を結んでいる送電線やその近くに落ちた場合、高い電圧や電流が発生して、測候所に設置している観測機器が故障してしまう危険があります。そこで山頂班のメンバーは、雷が近づいてきたときには送電線から来ている電気の電源を落として、発動発電機での自家発電に切り替えます。

ただし発動発電機では測候所に必要な量の電気をつくることはできません。また、観測機器は無停電電源装置という装置を使いますが、長時間の電源供給はできません。つまり観測データがとれなくなります（これを欠測といいます）。富士山頂で観測をおこなっている科学者たちにとって、欠測はできるだけ避けたいことです。

そのため山頂班のメンバーは、雷のときにはむずかしい判断をせまられます。欠測を避けるためには、送電線の電源を落とすタイミングをできるだけ後ろにずらしたい。でも後ろにずらしているあいだに、雷が送電線に落ちてしまうかもしれません。

そんな中で適切な判断をするためには、富士山ではどんな気象環境のときに落雷が起きやすいかについての知識がまず必要になります。同時に知識だけではなく、どんなときでもパニックにならずに冷静に物事を判断できることも大切になります。ヒマラヤでのロープを使ったクライミングで鍛(きた)えられた「だれにもたよらずに、自分で考え、行動できる力」が役立つわけです。

「NPO法人富士山」の活動を支えているのは、山頂班だけではありません。NPOでは、もし測候所で体調をくずす利用者が出てきたときには、高所医学の知識のある医師たちとすぐに連絡(れんらく)がとれる体制をつくっています。高所医学の先生は電話で利用者の症状(しょうじょう)を聞きながら、測候所にいる山頂班のメンバーに適切な指示を出していきます。

二〇〇七（平成一九）年から始まった富士山測候所での観測は、二〇二三（令和五）年に一七年目をむかえました。二〇二一年に利用者はのべ六〇〇〇人を超えましたが、ずっと無事故が続いています。これは山頂班のメンバーや高所医学の先生たちのサポートがあるからこそのことだといえます。

活動の継続が困難になったときに、ピンチを救ってくれた人たち

「NPO法人富士山」が、気象庁から富士山測候所を借りて観測活動をおこなおうとしたとき、土器屋先生は周りの人たちから「そんな大変なことはやめたほうがいいよ」とずいぶん言われたそうです。先生自身も内心では「五年続けることができるだろうか」と思っていました。

けれども活動は、二〇二三（令和五）年で一七年目になりました。そのあいだに科学者や学生たちは、富士山頂での観測によっていろいろな成果をあげていきました。NPOの運営メンバーの世代交代も順調に進み、今では若手の先生たちが中心となって活動しています。現在事務局長を務めているのは、静岡県立大学の鴨川仁先生です。先生のリーダーシップのもとに、研究費の調達や夏の観測のスケジューリングがおこなわれています。

また、科学の専門雑誌に論文を発表したり、賞を受賞する人が何人も出てきています。

「NPO法人富士山」のメンバーのひとりである片山葉子先生（東京文化財研究所保存科学研究センター客員研究員）は、「富士山測候所はとくに学生たちにとって、ほかではできない経験ができる場になっています」と話します。

富士山測候所の利用者の約四割は、大学生や大学院生です。科学者である大学の先生に連れられて、先生の研究のサポートをしたり、自分自身の研究テーマを深めたりするために、富士山頂に登ってくるのです。

富士山頂では、うすい空気の中で頭痛やはきけに苦しみながら、観測や実験を続けなくてはいけません。滞在中には、滝のようなはげしい雨や、耳をつんざくような雷の音、ふき飛ばされそうになるぐらいの強い風にさらされるのも、よくあることです。そうした環境の中で研究をやりとげられたことは、学生にとって大きな自信になります。

また富士山測候所の中では、ほかの大学で自分とちがう研究をしている科学者や学生たちと出会い話す機会が出てきます。自分の考えやモノの見方を広げるチャンスです。

科学者同士のあいだでも、富士山頂でのほかの分野の科学者との出会いは、大きな刺激になります。ちがう分野同士の科学者がつながって、共同研究が始まることもあります。たとえば、雷の研究をしている科学者と、大気化学の研究をしている科学者が協力しあって、雷から発生する窒素酸化物についての新しい発見につながるような研究がおこなわれています。

新しい発見や発明は、ちがう分野の人たち同士によるコミュニケーションから生まれることが多いものですが、富士山測候所はそうしたコミュニケーションをおこないやすい場であるといえるのかもしれません。

ただし「NPO法人富士山」による測候所の運営は、これまでけっして順調だったわけではありません。

いちばんのピンチは二〇二〇（令和二）年におとずれました。この年、世界では新型コロナウイルス感染症が猛威をふるっていました。そんな中でNPOでは、富士山頂での観測活動の中止を決断します。せまい富士山測候所の建物の中では、利用者が三密（密閉・

クラウドファンディング特設ページ

密集・密接）になることが避けられないからです。一人でも感染者が出たら、あっという間に感染が広がってしまうおそれがありましたし、富士山頂では感染者をすぐに病院に連れていくことも不可能だからです。

問題は、活動を中止したことで、利用者からいただいていた利用料が入らなくなったことでした。お金が入らなくなったことで、施設を維持することがむずかしくなり、翌年以降の活動も困難になってしまったのです。

NPOではこのピンチを乗りこえるために、知恵をしぼることにしました。そこで出てきたアイデアは、クラウドファンディングといって、インターネットを利用して、多くの人から寄付を集めようということでした。

NPOの副理事長で早稲田大学創造理工学部の大河内博先生（→一三四ページ）が中心となり、クラウドファンディングプロジェクト「世界遺産富士山を活用した研究がピンチに！　測候所存続のために力を貸して下さい！」を立ち上げました。寄付の目標額は三〇〇万円に設定。NPOで広報を担当している松田千夏さんは、NPOのホームページはもちろんのこと、SNSを駆使して、富士山測候所の現状や、寄付を集めていることを積極的に情報発信していきました。

けれども最初はどれだけ支援いただけるのか、不安でいっぱいだったといいます。ところが始まってみると、わずか二週間で目標額をクリア。最終的には目標額の倍以上の六一二万円に達したのです。

クラウドファンディングでは、寄付をした人がコメントを書けるようになっています。そのコメントを読んでみると、以前気象庁に勤めていて今は退職されている方や、お父様が富士山測候所の職員だった方など、富士山測候所の関係者が多いことがわかりました。

みなさん富士山測候所のことをずっと気にかけてくれていて、そしてＮＰＯが最大のピンチにおちいったときに応援してくれたのです。こうした方々のおかげで、ＮＰＯはつぎの年以降も富士山測候所で活動を続けられることになりました。

また「科学者の人たちが富士山測候所で観測をしていることは知っていましたが、国からお金をもらわずに、自分たちでお金を工面していて活動していたなんて、初めて知りました。びっくりです」といったコメントも、多く寄せられました。

松田さんは、このときのことをふり返ってこう話します。

「富士山測候所での観測活動が中止となり、資金不足のために寄付を募らなくてはいけなくなったことは、大変なできごとでしたが、多くの人にＮＰＯの現状を知っていただけたという意味ではよかったと思います。でもやっぱり大変でした」

富士山のてっぺんでこれからも観測を続けるために

「NPO法人富士山」のメンバーの一人である佐々木一哉先生（弘前大学教授）は、富士山測候所での研究活動の状況について、「少し歯がゆい思いをしています」といいます。たしかにこの一七年間のあいだに、さまざまな科学者や学生が富士山頂で観測や実験に取り組み、成果も出ています。その点は佐々木先生も手応えをつかんでいます。けれども測候所の建物はせまいため、一度に滞在できる人数は一〇数名程度と限られています。だから「もし山頂の施設がもっと充実していて、たくさんの人が利用できたなら、すぐれた研究成果も今より多く出ているはずなのに」と佐々木先生は感じているのです。

富士山測候所は、建物の老朽化も進んでいます。今の建物は一九七三（昭和四八）年に完成してから、すでに五〇年が経っています。そのため毎年夏が始まる前に、山頂班の人たちが雨もりがひどいところなどを直すことで、なんとか使うことができています。

NPOのメンバーにとっての理想は、建物の建て替えがおこなわれて、今よりもたくさんの人が滞在して観測や研究に取り組める立派な施設に測候所が生まれ変わることです。また、同じく劣化が進んでいる送電線の取替工事もおこなってほしいところです。

ただし現状ではそれは、かなり非現実的です。富士山測候所は気象庁の施設です。気象庁は「富士山測候所に職員が勤務する必要はなくなった。そこまで重要な建物ではなくなった」と判断して測候所を無人化し、「NPO法人富士山」に貸し出しています。そうした建物に対して、たくさんのお金を投じて、建て替えや大規模なリフォームをおこなうといったことは、考えにくいことです。

けれども今の建物を、永久に使い続けることはできません。いずれ使えなくなるときがやってきます。ということは、科学者たちが富士山頂で観測を続けられなくなるときが来るということです。

ではどうすればいいのでしょうか。

ＮＰＯのメンバーたちは、「いちばん大事なのは、富士山頂で今後もすぐれた研究成果を積み重ねていくことだ」と考えています。

研究成果が積み重なっていけば、社会の中に「やっぱり富士山頂での研究は大切だ。国もちゃんとバックアップするべきだ」と考える人が増えていくことが期待できます。

ハワイのマウナロア観測所をはじめとした海外の観測所のほとんどは、国などの公的機関がお金を出して運営がおこなわれています。富士山測候所での観測活動のように、ＮＰＯが自分でお金を工面して運営しているのは、かなりめずらしい例です。

そんな中で「国がバックアップすべきだ」という人の声がどんどん大きくなっていけば、国を動かす原動力になります。そうすれば国も、富士山頂の研究施設（しせつ）の充実や、ＮＰＯの運営のサポートに本腰を入れてくれるようになるかもしれません。

ＮＰＯのメンバーたちは、そんなふうに未来を見すえながらも、今できることに一生懸命（いっしょうけんめい）取り組んでいます。

PART II

富士山測候所は日本一高いところにある研究所

5

人間のおこないが地球にどんな影響を与えているかを知るために、富士山頂で二酸化炭素を計測

野村渉平先生

このまま地球温暖化が進めば、人類が大変なことになる

国立環境研究所といって、地球温暖化や自然との共生など、さまざまな環境問題について研究をおこなっている国の機関があります。研究所では富士山頂のような高所でも大気中の二酸化炭素の濃度を測ることができる機器を開発して、二〇〇九（平成二一）年から富士山測候所で測定をおこなっています。

今、地球の気温はどんどん上がっていて、一〇〇年前より約一度暑くなっています。大気中に放出される二酸化炭素をはじめとした温室効果ガスが増加したことが原因です。

大気に二酸化炭素の放出が増えはじめたのは、一八世紀後半にヨーロッパで産業革命が起こり、機械を動かすために石炭が使われるようになったためです。その後も、わたしたちは石油や石炭を使って発電をしたり、自動車を動かしたりしていますが、石油や石炭を燃やすと、大量の二酸化炭素が発生します。

二酸化炭素などの温室効果ガスには、地球の地表から宇宙空間に出ていこうとする熱を大気中で保つ働きがあります。地球の平均気温は一四度ぐらいに保たれてきましたが、これは温室効果ガスのおかげです。もし温室効果ガスがなければ、地球の平均気温はマイナス一九度ぐらいになるといわれています。

ですから地球が生き物にとって暮らしやすい環境になっているのは、温室効果ガスが大気中にほどよくあるおかげといえます。しかし今問題なのは、温室効果ガスが大気中に増え続けていて、そのために温暖化が進んでいることです。

このまま地球の気温が上昇すれば、南極などの氷が溶けて海面が上昇し、多くの島や海岸が海の中に水没してしまうことや、急な環境の変化に適応できずにたくさんの動植物が絶滅してしまうこと、水害や干ばつなどの異常気象の増加、農作物の収穫が不安定になるなど、いろいろな問題が深刻になっていくことが確実視されています。

今後、地球温暖化がどう進んでいくかを予測するためには、二酸化炭素をはじめとした温室効果ガスの大気中の濃度の状況をつかんでおくことが不可欠となります。そこで国立環境研究所では、富士山頂で二酸化炭素濃度の測定をおこなっているのです。

海外の孤島での科学者との出会い

野村渉平先生は、国立環境研究所による富士山頂でのこのプロジェクトに、二〇一二（平成二四）年からたずさわってきました。

当時、先生は大学院を出たばかり。研究所に就職したのは、今の人類の活動が地球にどのような影響(えいきょう)を与えているのかを知りたいと思い、二酸化炭素を通して研究をしよう考えたからです。

先生が人類と地球の関係性に興味を抱(いだ)くようになったのは、一九九四(平成六)年、小学校五年生のときに海外のある南の孤島(ことう)を旅行したのがきっかけでした。

その旅先で先生は、島の生物について研究している科学者と出会います。そして科学者から「この島に生息する一部の昆虫(こんちゅう)の数が減少している。それは、人間が地球環境を破壊(はかい)していることが関係しているかもしれない」と聞いて、びっくりします。

その後、先生はスイスに氷河を見に行く機会もありました。そこでは現地の人から「年々、氷河が小さくなっている」という話を聞きました。先生は当時のことをこうふり返ります。

「そのころから、『人類が地球で豊かな時間を長期間過ごすためには何をすべきなのだろう』といったことを考えるようになりました。でも、どうすればいいかを学校の先生にたずねても教えてくれませんでした。そこで少しずつ自分で人類の歴史と地球の関係について調べるようになったんです」

さらに野村先生は大学院生のときにも、貴重な経験をすることになります。学生時代、土壌を勉強していた先生は、南の島に移住して、牛のフンを堆肥（畑などにまく肥やしのこと）にする研究に取り組んでいました。その島で牛を飼っている農家の中には、フンを牛舎のそばの土地などに積み上げたままにしている人もいました。

そこで先生は「フンには作物を大きくさせる肥料成分がたくさん入っているので、ちゃんと利用できないだろうか。牛のフンからであれば、きっとよい堆肥ができるはずだ」と考えたわけです。そして、先生は堆肥をつくったうえで、地元の人たちに協力してもらいながら、その堆肥を島の農家が活用できるしくみについても整えました。

その研究をしているうちに、先生はある気がかりなことが出てきました。島の農家の人たちは、牛のフンからつくった堆肥といっしょに、化学肥料も畑にまいていました。化学肥料の中にふくまれている窒素という成分が、畑から海へと流れ出ると、富栄養化といって、海の中の栄養分が必要以上に豊かになってしまいます。するとプランクトンが大量発生するなど、海の生き物のバランスをくずしてしまうことになるのです。

そこで先生は、畑の近くからわき出ている地下水を採取し、成分を分析したところ、思わぬ結果が出ました。化学肥料がたくさんまかれた地域の地下水からは、たしかに高い窒素濃度が検出されましたが、同時に高いカルシウム濃度も検出されたのです。

南にあるその島は、サンゴ礁が隆起してできあがったものでした。そのため少し土を掘ると、サンゴ礁に突きあたります。サンゴ礁はカルシウムと二酸化炭素からできています。つまり地下水からカルシウムが多く検出されたということは、畑にまいた化学肥料の中の窒素成分が、土の下にあるサンゴ礁を溶かしたことが原因であると仮説をたてました。

では、サンゴ礁のもうひとつの成分である二酸化炭素はどうなったのでしょうか。

先生には、「もしかしたら……」と思うことがありました。畑の近くに地下水をくみに行くと、やたらと蚊に刺されるのです。一方、畑からはなれた森に地下水をくみに行ったときには、そんなことはありませんでした。先生は、「蚊は二酸化炭素を好む」という話を聞いたことがありました。

「もしかしたら、二酸化炭素は地下水がわき出るときにガスとして大気中に出てきているのではないのだろうか」と、先生は考えたわけです。

そこで畑の近くからわき出た地下水の二酸化炭素濃度を調べたところ、なんと通常の約一〇倍もの二酸化炭素濃度が検出されました。先生の予測は当たっていたのです。

さらに調査をすすめた結果、サンゴ礁でできている土地に作物が吸収できる以上の肥料をまくと、サンゴ礁が溶けて大気中に多くの二酸化炭素が放出されることが明らかになり、野村先生がその事実を初めて発見しました。

「畑に化学肥料をまく」というわたしたちが自然に対しておこなっているちょっとしたことが、自然にとっては大きな負担となり、地球環境を悪化させる要因のひとつになっていたのです。

このときの経験によって、先生の中で人類と地球とのかかわりに対する関心はますます高まっていきました。

そんなときに野村先生は、国立環境研究所がアジアのいろいろな地域で温室効果ガスの濃度を観測する計画を立てており、このプロジェクトにたずさわれる人材を募集していることを知ります。「これはぜひ自分がやりたい仕事だ」と思った先生はすぐに応募し、研究所で働くことになったのでした。

富士山頂がアジア地域での二酸化炭素観測に最も適している

野村先生は国立環境研究所で、主にふたつの仕事に取り組むことになりました。

ひとつは、研究所が二〇〇九（平成二一）年から始めていた富士山頂での二酸化炭素濃度の観測を担当すること。

もうひとつは、日本以外のアジアの国々に観測機器を置き、現地の人と協力しながら二酸化炭素濃度を観測するプロジェクトを進めていくことでした。

アジアの国々は、人口の増加や経済の発展とともに、二酸化炭素の排出量も確実に増えていると考えられていたにもかかわらず、これまで現地では、ほとんど二酸化炭素に関する観測がおこなわれてきませんでした。そのため、この地域の状況を把握することの重要性が高まっていたのです。

一方、富士山頂での観測は、日本国内の二酸化炭素の排出量ではなく、アジア地域の大気中の二酸化炭素濃度の基準を調べるのが目的でした。

七三ページでも話したように、富士山の山頂は自由対流圏に位置しています。自由対流圏では、常に強い風が一定方向に吹いています。富士山のある北緯三五度から六五度にかけてのエリアは、偏西風という西風が吹いていて、数週間で地球を一周します。

だから富士山頂で観測をすれば、日本だけではなく、日本よりも西にあるアジア地域で排出された二酸化炭素に関する情報を取得できるわけです。

富士山頂の大気中二酸化炭素濃度からのメッセージ

国立環境研究所では、富士山頂で一年間を通して二酸化炭素の観測をおこなっています。富士山測候所が開いているのは、夏の二か月間だけです。それ以外の一〇か月間は無人となり、建物の中は電気も切られています。そこで野村先生たちは夏のあいだに、山頂に設置したバッテリー(蓄電池)一〇〇個に電気をたくわえ、その電気で冬の間も動く観測機器を富士山測候所に作りました。夏が終わっても、観測が続けられるようにしています。

その結果、これまでにいろんなことがわかってきました。

まず富士山頂で観測を始めた二〇〇九(平成二一)年とくらべてみると、大気中にふくまれる二酸化炭素の濃度は確実に増えています。観測を始めた二〇〇九年七月の平均濃度は三八三・三ppm(一ppmは〇・〇〇〇一%)でしたが、二〇二一(令和三)年八月に

富士山測候所から雲海を望む野村先生

は四二〇・一ｐｐｍにまでなっています。

また世界には、富士山測候所以外にも、自由対流圏に位置する高所で二酸化炭素を観測している研究所がいくつかあります。その中のひとつであるハワイのマウナロア観測所と富士山頂をくらべてみると、二〇〇九年の時点では二酸化炭素の濃度はどちらもほぼ同じぐらいでした。ところが今では、富士山頂のほうが濃度が高くなっています。マウナロア観測所も濃度は増加しているのですが、富士山頂はそれをこえる勢いで増えているのです。

その理由としては、アジアの国々の二酸

化炭素の排出量が増えており、アジアの東側に位置している富士山は、その影響を受けやすいからだと考えられます。

アジアの中でも、とくに二酸化炭素の排出量が多いのが中国です。中国では二〇二〇(令和二)年、新型コロナウイルス感染症が流行したときに、大規模なロックダウンがおこなわれました。国民には外出禁止令が出され、経済活動がストップしました。

すると富士山頂の二酸化炭素の濃度が、ロックダウンがおこなわれていた時期だけ減少したのです。一方、マウナロア観測所のほうの濃度には変化はありませんでした。これにより富士山頂の二酸化炭素濃度は、アジアの中でもとくに中国の影響を強く受けていることが証明される結果となりました。

同じ課題を違う角度から取り組む

野村先生は、「国立環境研究所に就職し、富士山測候所などで温室効果ガス観測に取り組み続けているうちに、気候変動に対する危機感が年々高まっています」と話します。

富士山頂もマウナロア観測所も大気中の二酸化炭素濃度は年々増加していますが、その上がり幅は年によってちがっています。調べてみると、エルニーニョ現象が起きているときは上がり幅が大きく、ラニーニャ現象のときには小さいことがわかりました。

エルニーニョ現象とは、太平洋の東側の赤道付近の海面水温が、平年よりも高くなる現象です。逆にラニーニャ現象では海面水温が低くなります。この地域のゆらぎが、地球全体の二酸化炭素の排出と吸収に強い影響を与えていることが知られています。

ところが「二〇一〇年代の後半から、ある変化がみられるようになった」と野村先生は話します。

「二酸化炭素濃度の増加率の上がり幅が、ラニーニャ現象が起きているときでも、あまり低下しなくなったんです。ラニーニャ現象のときにちょっとぐらい自然の吸収力が増えただけでは手がつけられないぐらいに、人間の活動によって排出される二酸化炭素の量が多くなっている可能性があります」

今、世界では、気温の上昇を「産業革命以前とくらべて一・五度、最悪でも二度未満におさえよう」という目標がかかげられています。この気温をこえると、異常気象の頻発や、海面の上昇による島や平野部の水没などによって、多くの人が住む場所を失うなど、大変な状況になることが予測されているからです。

気温の上昇を一・五度におさえるためには、地球全体の大気中の二酸化炭素濃度を四三〇ｐｐｍ程度にしておく必要がありますが、今のまま上昇が続くと三年後には四三〇ｐｐｍをこえてしまいます。

また気温の上昇を二度未満におさえるためには、濃度を四五〇ｐｐｍ程度にしておく必要がありますが、今のままのペースだと、一二年後に四五〇ｐｐｍに達します。

タイムリミットが近づいています。

そこで野村先生は、気候変動の課題を多角的にとらえられるように、職場を国立環境研究所から環境省に移すことにしました。

環境省は、国として地球温暖化対策についての計画を立て、推進していくことを役割のひとつとしています。「国の対策のスピードアップを図らないと、温暖化の進行を食い止めることはできない。自分もその仕事にかかわろう」と考えたからです。

一方で野村先生は、「富士山頂での観測を続けることも大切だ」と考えています。環境省に職場を移したために、山頂での観測は研究所の別のメンバーにバトンタッチすることになりますが、「今後一〇〇年間は、富士山でずっと観測を続けてほしい」と思っています。大気中の二酸化炭素濃度の状態を調べるうえで、富士山ほど適した場所はないからです。

ただし富士山頂での作業は大変です。先生も山頂に登るたびに、はきけなどのひどい高山病に苦しめられてきました。どんなに重要なことでも、苦しいことはなかなか続かないものです。

そこで先生は、富士山頂に観測機器を取りつけるときの作業の単純化に毎年少しずつ取り組んできました。地上でもできる作業は地上でおこなったうえで、山頂での作業はできるだけ短く簡単にすませられるように工夫してきたのです。

富士山測候所に設置された大気中CO_2濃度観測システム（右端が野村先生）

その結果、最初のうち三泊四日でおこなっていた富士山頂での取りつけ作業は、今では一泊二日に短縮されました。「もうすぐ日帰りでもできるようになりそうだ」という感触もつかんでいます。これだったら、ほかのメンバーにバトンタッチしたあとも、きっと長続きするはずです。

ちなみに先生は二〇一七（平成二九）年から、富士山頂でメタンの観測も始めていました。メタンも温室効果ガスのひとつです。メタンの排出量は二酸化炭素の五分の一程度ですが、二酸化炭素の二五倍もの温室効果があります。温暖化の進行を止めるためには、メタンも減らしていく必要があります。そこで富士山頂にフラスコを置き、フラスコの中に入った山頂の空気の中にメタンがどれぐらいふくまれているかを調べるようにしたのです。

富士山頂でのメタンの観測から、どのような分析結果が得られるかについては、今後、野村先生のあとを受けついだ人たちが、明らかにしてくれることが期待されます。

野村先生は富士山頂から去ろうとしていますが、測候所に備えつけられた観測機器は、今日も大気中の二酸化炭素濃度を測り続けています。

6

国境をこえて飛んでくるオゾンを富士山頂でキャッチ

加藤俊吾（かとうしゅんご）先生

オゾンは地球環境（かんきょう）を守るヒーローであり、悪者でもある

富士山頂では二酸化炭素濃度（のうど）のほかにも、さまざまな大気中の物質の観測がおこなわれています。

東京都立大学都市環境学部の加藤俊吾（かとうしゅんご）先生は、一酸化炭素やオゾン、二酸化硫黄（いおう）などの観測に取り組んでいます。その中でも、とくに加藤先生が力を入れているのがオゾンの観測です。

オゾンは地球において、ちょっと複雑な立場です。地球環境を守るヒーローであると同時に、悪者でもあるという側面があるからです。

まずヒーローの側面から説明すると、地球の地表より高度二〇キロから三〇キロメートルのあたりに、オゾン層といって、オゾンがたくさんふくまれている層があります（七四ページの図）。このオゾン層は、太陽からくる紫外線を吸収し、地表に降りそそぐ紫外線の量を弱めるはたらきがあります。生物にとって紫外線はとても有害です。ですからわたしたちが地球で生きていけるのは、オゾン層のおかげといえます。

ところが一九八〇年代に、人間がつくりだしたフロンガスというガスが上空まで上っていき、オゾン層を破壊していることがわかりました。オゾン層のオゾンの量が減ると、地表に達する紫外線の量が増え、強い紫外線をあびた人びとのあいだで皮ふがんなどの病気が増える危険があります。そこで世界では、フロンガスの生産量を減らすとともに、フロンガスの中でもオゾン層への影響が少ないガスへの切りかえを進めてきました。

一方で悪者の側面としては、じつはオゾン自体も、生き物にとって有害な物質であるということです。ですから、はるか上空のオゾン層にオゾンがあるぶんにはなんの問題もないのですが、地表に近いところにオゾン（対流圏オゾンといいます）がたくさんあると困ったことになります。この対流圏オゾンをいかに減らすかは、環境問題の中でも大切なテーマのひとつになっています。

対流圏オゾンができるのは、人間の経済活動が原因です。工場でモノを生産したり、自動車を動かしたりするために石油や石炭を燃やすと、窒素酸化物や揮発性有機化合物が出てきます。これらの物質が太陽から来る紫外線にあたって化学反応を起こすと、オゾンを中心とした有害物質ができるのです。

この有害物質のことを光化学オキシダントといい、光化学オキシダントの濃度が高くなった状態のことを光化学スモッグといいます。光化学スモッグは呼吸困難や手足のしびれ、頭痛やはきけなどの症状を引き起こします。

またオゾンの濃度が高い環境で長時間生活していると、呼吸器系などの病気にかかりやすくなります。

さらに対流圏オゾンは、二酸化炭素やメタンなどとともに温室効果ガスでもあります。地球温暖化を加速させる要因のひとつになっているのです。

オゾンを減らせば、温暖化の進行も食い止められる!?

このようにオゾンには、地球環境にとって良い面と悪い面があるのですが、加藤俊吾先生が研究対象としているのは、悪い面のほうです。

加藤先生が富士山の山頂で、大気中のオゾンの濃度の観測を始めたのは二〇〇七（平成一九）年からです。越境汚染といって、国境をこえて飛んでくるオゾンの状況を観測することが目的でした。

そもそも先生が越境汚染について調べはじめたのは一九九〇年代後半のことでした。ちょうど当時は、中国をはじめとしたアジアの国々が経済発展をとげ始めたころでした。

人びとの経済活動がさかんになったことによって、アジア地域の大気汚染の状況がどう変化していくかについて、調べることの重要性が高まっていたのです。越境汚染物質について調べるためには、まちから遠くはなれているところのほうが正確なデータが得られやすくなります。まちの近くだと、そのまちの工場や道路から排出される汚染物質の影響を受けてしまうからです。

そこで先生は、まちからはなれた長野県の白馬八方尾根や沖縄の離島、北海道などで観測をおこなっていました。また東京大学海洋研究所が持っていた「白鳳丸」（現在は海洋研究開発機構が所有）や、海洋研究開発機構の海洋地球研究船「みらい」という船に乗って、東京都心から一〇〇〇キロメートルぐらいはなれた小笠原諸島にまで出かけて、観測をしたこともあります。「白鳳丸」も「みらい」も海のことについて調査することを目的とした研究船なのですが、この船を利用して、大気と海洋の関係性について調べるプロジェクトがあったため、先生も参加したのです。

そんなふうにして観測をおこなっていたところに、ちょうど「ＮＰＯ法人富士山」が富士山測候所を借りられることになり、加藤先生のところにも「富士山の山頂で観測してみな

大気を計測しながら山頂に登る加藤先生

いか」という話がきました。
「自由対流圏に位置している富士山頂であれば、越境してきたオゾンをより正確に測ることができます。また富士山は日本列島の真ん中あたりに位置していますから、日本にどれぐらいのオゾンが越境しているかもわかります。富士山頂で観測する機会が得られたのは、とてもラッキーなことでした」

　と、加藤先生は語ります。

　加藤先生が富士山頂でオゾンの観測を始めてから、すでに約一五年が経っています。そのあいだにオゾンの濃度はどうなったかというと、「増えてはいないけれども、減ってもいない状況」なのだそうです。

本当は、減っていないとおかしいはずです。というのは、中国でも近年は大気汚染の改善に真剣に取り組むようになっており、窒素酸化物や揮発性有機化合物の排出量は減っているからです。オゾンは、窒素酸化物や揮発性有機化合物が紫外線にあたって化学反応を起こしてできるわけですから、これらの物質の排出量が減れば、オゾンも当然減るはずです。ところが減っていないのです。

ちょっと不思議な現象です。ちなみに日本国内でも、窒素酸化物は昔とくらべれば大幅に減っていますが、オゾンを減らすのには苦労しています。

「オゾンの原因となる物質が減ったとしても、減った中でオゾンがくりかえしつくり出されていくようなことが起きていると考えられます。このナゾを解明するためには、オゾンがつくられるメカニズムをもう少しくわしく知る必要があります」(加藤先生)

ただしメカニズムはどうであれ、オゾンを減らすためにわたしたちにできるのは、工場や自動車などから排出される窒素酸化物などの量を根気強くコツコツと減らしていくことです。

前にも述べたように、対流圏オゾンは二酸化炭素やメタンなどとともに温室効果ガスのひとつです。

加藤先生は「オゾンは温室効果ガスの中でも、減らすとすぐに効果があらわれます」と話します。

たとえば大気中に排出された二酸化炭素は、一〇〇年単位の長期間にわたって大気中に存在し続けます。ですからもし仮に今日から二酸化炭素の排出量をゼロにすることができたとしても、その効果があらわれるのはずっと先のことです。またメタンも一〇年程度存在し続けます。一方対流圏オゾンは、数か月で大気の中から消滅します。だから効果があらわれやすいわけです。

もちろん根本的には、大気中に存在する量が多く、地球温暖化のいちばんの原因になっている二酸化炭素や、次に原因になっているメタンを減らすことが重要ではあるのですが、ともかくすぐにでも温暖化の勢いを止めるためには、対流圏オゾンを減らすことが大切になります。

そして加藤先生は、実際に対流圏オゾンの状況がどうなっているかをつかむために、富士山頂で観測を続けているのです。

富士山の噴火に備えて、火山性ガスのセンサーを設置

加藤先生は、富士山頂ではこのほかに二酸化硫黄の観測にも取り組んできました。二酸化硫黄も、石油や石炭を燃やしたときに大気中に排出される大気汚染物質のひとつだからです。

けれども富士山頂では、二酸化硫黄はかなり低い濃度でしか検出されませんでした。どうやら工場などで排出された二酸化硫黄は、富士山頂のような高所まではほとんど上ってこないようでした。

しかし大切なのは、濃度が低いからといって観測をやめたりしないことです。観測を続けておかないと、環境に変化が起きて濃度が変わったとしても、それを見逃してしまうこ

となるからです。

科学者の仕事というと、なにか大きな発見やナゾを解明するようなことをイメージしがちです。しかし大発見にはつながらなかったとしても、観測によってコツコツとデータを取り続けることも、科学にたずさわる人の大切な役割なのです。

するとある日のことでした。富士山頂の二酸化硫黄（いおう）の濃度（のうど）が突然急上昇（じょうしょう）したのです。先生は最初「観測機器の故障かな？」と思ったそうです。

やがて原因がわかりました。数日前に鹿児島県（かごしまけん）の桜島（さくらじま）で噴火（ふんか）が起き、その噴煙（ふんえん）が富士山の山頂まで届いていたのです。噴煙（ふんえん）の中には二酸化硫黄（いおう）がふくまれていたため、数値が上がったのでした。二酸化硫黄（いおう）は、噴煙（ふんえん）の中にいろいろとふくまれている火山性ガスのひとつでもあります。

また、同じように富士山の北側に位置する浅間山（あさまやま）が噴火（ふんか）したときにも、富士山頂の二酸化硫黄（いおう）の濃度（のうど）が急上昇（じょうしょう）しました。

そこで先生はひらめきました。

富士山は、江戸時代を最後に三〇〇年以上噴火は起きていませんが、活火山です。次の噴火がいつ起きてもおかしくありません。

そこで二酸化硫黄とともに、同じ火山性ガスのひとつである硫化水素についても測定できるセンサーを開発して、山頂に設置しようと考えました。万が一富士山が噴火したときには、火山性ガスの濃度から噴火の規模や状況を把握できるようになるからです。防災や減災に役立てられることが期待できます。

ただし加藤先生たちが富士山測候所を利用できるのは、夏のあいだだけです。それ以外の時期は、測候所は無人となり電気も切られてしまいます。そのため先生は、電気が切られている期間もバッテリーで火山性ガスを測定できるシステムを開発。そして測定したデータは、非常に小電力で動いて広範囲をカバーできる通信方式によって地上にいてもリアルタイムで見ることができるようにしました。

また富士山の噴火は、山頂からだけではなく別の場所で起きることもあり得ます。そこで富士山の複数の場所にセンサーを設置する計画も立てています。

先生は今後は富士山頂で、水素の観測も始めてみたいと考えているそうです。水素は燃やしても二酸化炭素や汚染物質は排出されず、出てくるのは水だけです。そのため石油や石炭にかわる新たなエネルギーとして、期待を集めています。実際に水素自動車の開発や販売も始まっています。

ただしそのときに不可欠になるのは、何らかの事故によって水素が大気中にもれ出すようなことがないように、管理を万全にすることです。もしもれ出すと、水素が大気中のさまざまな物質と化学反応を起こすなどして、環境に思わぬ影響をあたえてしまうリスクがあるからです。

そこで水素がもれ出しておらず、大気中の水素の濃度が正常な数値を保っているかどうか、つねに観測することが大切になるわけです。

加藤先生が富士山頂でおこなっている大気の観測は、人でいうと健康診断のようなものなのかもしれません。

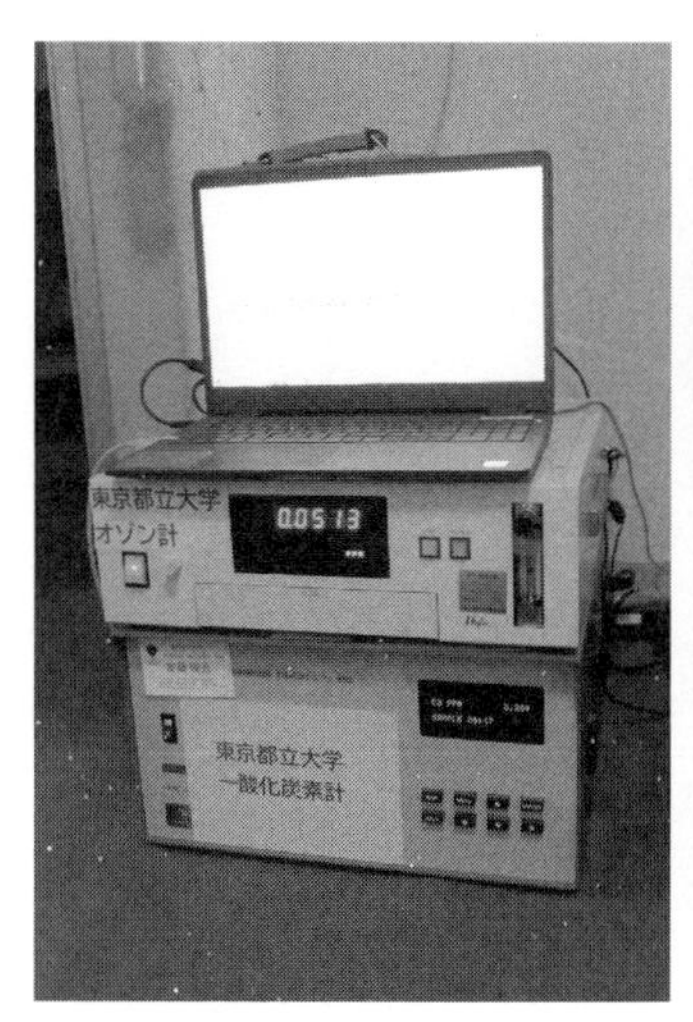

越冬観測用の装置（右）と一酸化炭素・オゾンを測定する装置（左）

健康診断の場合、正常な結果が出た項目についてはひとまず安心してよいけれども、気をぬかずに定期的に診断を受けることが重要です。また悪い数値が出た項目については、その原因を探り、解決策を考えて治療をおこない、数値が改善されたかを、検査によってチェックすることが大切になります。

大気も同じです。地球の健康状態を常に知っておくために、ずっと観測し続けることが大切なのです。

7 富士山の空でマイクロプラスチックを発見！

プラスチックによる汚染は海だけではなかった！

大河内博 先生

プラスチックによって海の汚染が進んでいることが、大きな問題となっています。プラスチックは、ペットボトルやレジ袋、食品の容器などをはじめとして、さまざまなものに使われています。人びとの生活をとても便利にしてくれていますが、自然界にとってはやっかいな存在です。プラスチックは人間が主に石油などからつくったもので、もともとは自然界になかったものです。太陽からの紫外線にあたると分解されて小さくなりますが、けっしてなくなることはありません。

そんな中で、人びとが捨てたプラスチックのごみ捨て場のような状態になっているのが、海です。直接海に捨てる人もいますし、まちの中でポイ捨てされたプラスチックが川に落ちて、海へと流れていくこともあります。

海には大きなサイズのプラスチックから、分解されて小さくなったプラスチックまで、さまざまなプラスチックがただよっています。二〇五〇年には、海の中にいる魚よりもプラスチックごみのほうが多くなるという予測も出ているほどです。

なかでも問題視されているのが、マイクロプラスチックといって、直径五ミリ以下の小さなプラスチックです。このマイクロプラスチックを小さな魚がまちがって口に入れ、その小さな魚を大きな魚が食べ、そして大きな魚を人間が食べれば、人間の体の中にもマイクロプラスチックが取りこまれていきます。

プラスチックが人体にどのような悪影響（えいきょう）をあたえるかは、まだよくわかっていませんが、健康によいものではないことだけはたしかです。

とくに心配なのは、海の中でほかの有害な物質がマイクロプラスチックに付着し、人間

夏の観測を終えて下山する研究者たち。一番右が大河内先生

が魚を食べるときには、マイクロプラスチックといっしょにその有害な物質も口に入れている可能性が高いことです。

そして今、早稲田大学創造理工学部の大河内博先生をはじめとした世界各地の科学者の研究によって、じつは目では見えないほど小さなマイクロプラスチックが、大気中にもただよっていることがあきらかになりつつあります。海のプラスチック問題と同じぐらいに、大気中のプラスチックも深刻な状況にあることが次第にわかってきているのです。

「マイクロプラスチックは魚だけでなく、

水道水やペットボトルの水などにもふくまれていて、わたしたちはいろいろなものからプラスチックを体の中に入れています。その中でも一番多いのは、空気からだと考えられます。人間は常に空気を取り入れていないと生きていくことができず、一日に二万回以上呼吸をしていますからね」

と、大河内先生は話します。

先生は二〇一九（令和元）年には、富士山の山頂で採取した大気の中にマイクロプラスチックがふくまれていることを発見しました。そんな上空の高いところにまで、すでにマイクロプラスチックは達していたのです。

東南アジア方向から風が吹いてきたとき、濃度が上がった

大河内先生が専門にしているのは、環境化学という学問です。

本書でここまでも見てきたように、二酸化炭素や窒素酸化物といった化学物質は、地球

環境にいろいろな影響をあたえています。そこで先生は地球環境の状態を知るために、さまざまな物質の観測をおこなっています。富士山では気体、粒子、雲などを採取して、その中にふくまれている物質を調べています。

さらには汚染物質によって、自然や生き物にどんな被害が生じているかや、どうすれば状況を改善できるかといった研究もおこなっています。先生は環境をテーマに、いろいろな研究に取り組んでいるのです。

たとえば先生が学生時代からおこなってきたことに、酸性雨の研究があります。酸性雨とは、工場や自動車などから排出された硫黄酸化物や窒素酸化物が、上空まで上っていって硫酸や硝酸に変化して、酸性の雨を降らせるというものです。酸性雨が降ると、森の木や草が枯れたり、農作物が育たなくなったり、湖や池の生き物が死んだりといった被害が発生します。

そこで先生は、酸性雨を降らせる雲や霧にどんな成分がふくまれているかを調べるだけではなく、酸性雨ができるしくみや、酸性雨が降ると森の木々の生育の状況や川の水質がどんなふうに変わるかについても、研究や調査をおこなってきました。また森林の浄化作用（酸性ガスなどが多くふくまれたよごれた空気をきれいにするはたらき）にも注目し、その研究にも取り組んでいます。

「わたしは、アースドクター（地球のお医者さん）でありたいと思っています。すぐれた医者であるためには、地球という患者さんの体の状態を正しく診断して、効果のある治療方法を示せないといけません。そのためには空気のことも、水や土壌のことも、森林や生き物のことも、はば広く知っておきたいと考え、いろいろなことに取り組んでいるのです」（大河内先生）

そんな先生がマイクロプラスチックの問題に強い関心を持つようになったのは、二〇一七年に大気汚染調査のためにカンボジアに行ったのがきっかけでした。

カンボジアは東南アジアにある国で、アンコール遺跡があるので、多くの観光客が訪れます。生活の中でプラスチックもたくさん使われるようになりました。カンボジアは東南アジアのなかでも貧しい国であり、環境問題に対する国の取り組みや人びとの関心は、まだけっして高いとはいえません。

先生もカンボジアでは、ペットボトルが道路のわきにたくさん転がっているなど、「これはかなりまずいぞ」という光景をいくつも目にしてきました。特に危機感が高まったのが、トンレサップ湖という有名な湖を訪れたときでした。

トンレサップ湖は、雨が少ない乾季になると水位が下がり、ふだんは湖の水中にかくれている低木がすがたをあらわします。すると水が引いた低木の上には、まるであたり一面に花がさいたように、さまざまな色のプラスチックのごみが広がっていたのです。

カンボジアのある東南アジアは、日差しがとても強い地域です。すると太陽からの強力な紫外線によって大きなプラスチックごみが短期間でばらばらになり、マイクロプラスチックになることが予想されました。

「もしそんな中で強風が吹いたら、たくさんの量のマイクロプラスチックが地上から大気中に巻きあげられることになるぞ」

と、先生は考えました。

そこで先生は、実際に空気中にどれぐらいのマイクロプラスチックがあるのか調べてみることにしました。

当時は、大気中のマイクロプラスチックについて研究している科学者は、世界的にもまだほとんどいませんでした。二〇一六年にフランスの科学者が、雨の成分を分析してみたところ、マイクロプラスチックが検出されたという論文を発表していただけでした。

先生はまずご自身が勤務している早稲田大学（東京都新宿区）の高さ六五メートルのビルの屋上で、次にカンボジアのトンレサップ湖に近いシェムリアップという町で、マイクロプラスチックを計測してみました。すると新宿では一立方メートルあたりマイクロプラスチックが五個見つかったのに対して、カンボジアではなんとその一〇倍の五〇個も見つかったのです。

また新宿では、三〜七マイクロメートル（一マイクロメートルは一ミリの一〇〇〇分の一）の大きさのマイクロプラスチックが多かったのに対して、カンボジアでは一マイクロメートル以下のものがもっとも多く見つかりました。新宿よりもカンボジアのほうが紫外線が強いため、それだけプラスチックが壊れて、どんどん小さくなったということだと思われます。マイクロプラスチックは小さければ小さいほど、人間が吸いこんだときに血管や肺のおくにまで入りやすく、毛細血管を通って血液中にはいり、身体中に運ばれてしまうため、人体への影響が不安視されます。

現在、東南アジアでは多くの国々で経済発展が進み、プラスチックの使用量も増えています。さらに、これまで日本などの先進国は、自分の国で処理できなくなったプラスチックごみを、東南アジアに輸出するというかたちで押しつけてきました（最近では受け入れを規制する国が増えており、かんたんには輸出できなくなっていますが）。一方、東南アジアの国々では、プラスチックごみに対する人びとの意識はまだあまり高くなく、プラスチックごみをきちんと回収してリサイクルするような仕組みも、十分には整ってはいません。

つまり東南アジア地域全体が、マイクロプラスチックの汚染源になってしまっている可能性があるわけです。欧米や日本のような先進国は、プラスチックごみを東南アジアに押しつけるのではなく、これらの国々がプラスチックごみをきちんと管理して処理できるようになるための支援をしないといけません。

大河内先生は、富士山の山頂でもマイクロプラスチックについて調べてみようと思いました。ここまでも説明してきたように、富士山の山頂は自由対流圏に位置しています。自由対流圏は、地上から放出された大気汚染物質の影響を受けにくいことを特徴としています。

自由対流圏に位置している富士山の山頂には、強い風に乗って、さまざまな大気汚染物質が国境をこえて西のほうから運ばれてきます。マイクロプラスチックをたくさん含む空気が東南アジアから富士山頂まで運ばれてくれば、富士山頂の空気中にもマイクロプラスチックが多くふくまれているはずです。

そして実際に調べたところ、富士山頂の空気中にもマイクロプラスチックが浮遊していることがわかったのです。自由対流圏でマイクロプラスチックが見つかったのは、世界で初めてのことでした。

興味深いのは、どこから富士山の山頂に風が吹いてくるかによって、マイクロプラスチックの濃度や種類が変わることでした。その空気がどこから来たのかについては、ある科学的な手法を使えば調べることが可能になっています。

それによると太平洋の上空から空気が運ばれてくるときよりも、中国大陸の上空から空気が運ばれてくるときのほうがマイクロプラスチックの濃度は高くなりました。東南アジアの地上から空気が運ばれてくるときにはさらに高くなっていました。やはり東南アジアの状況が深刻であることが、はっきりとわかる結果になりました。

よくわかっていないからこそ、取り組む意味がある

大河内先生は大気中のマイクロプラスチックについて、「大きく二つのことが心配です」と話します。ひとつは地球環境にあたえる影響、もうひとつは人間や生き物の健康にあたえる影響です。

まず地球環境にあたえる影響ですが、ある科学者は、プラスチックが分解されるプロセスで、温室効果ガスであるメタンや二酸化炭素が発生するという報告をしています。

富士山の山頂のような自由対流圏は、地上よりも紫外線が強いため、大気中のマイクロプラスチックがさらに小さいプラスチックへと、短期間でどんどん分解されていきます。そのプロセスでメタンや二酸化炭素が発生すれば、地球温暖化がさらにスピードアップしてしまう可能性があるわけです。

一方で、「大気中のマイクロプラスチックは、地球温暖化を止める方向にはたらくかもしれない」と考える科学者もいます。

というのは、大気中のマイクロプラスチックが雲をつくる核になって、雲ができやすくなるのではないかという説があるからです。雲ができやすくなれば、そのぶん太陽の光がさえぎられるわけですから、温暖化の進行をおさえられるかもしれません。

大河内先生は富士山の山頂で雲を採取して、雲の中にどんな物質がふくまれているかについての分析もおこなっています。

雲は小さな水滴（雲つぶ）や氷のつぶ（氷晶）の集まりです。そこで富士山の山頂に、たくさんの細いタテの線（細線）からできた観測装置を用意します。雲が出ているときに山頂に風が吹くと、風は装置を通り過ぎますが、雲つぶや氷晶は細線にぶつかって流れ落ち、装置の下に置いている容器の中にたまっていきます。こうして容器にたまった水を分析すれば、雲つぶや氷晶の成分分析ができるわけです。

先生はこの観測装置を使って、富士山頂の雲つぶや氷晶の中にも、マイクロプラスチックがふくまれていることを発見しました。ただしこのマイクロプラスチックに、本当に雲をつくる核となるはたらきがあるかどうかはわかっていません。そのナゾについては、今後解明に取り組んでいくことになります。

このように大気中のマイクロプラスチックが、地球環境にどんなふうに影響をあたえるかについては、いろいろな説が出ています。まだ正確なことはわかっていませんが、「なんらかの影響があるだろう」と、大河内先生をはじめとした多くの科学者は考えています。

そしてもう一つの大きな心配は、マイクロプラスチックが人や生き物の体にあたえる影響(えいきょう)です。

こちらについても、本当のところはどうなのかはまだよくわかっていません。ＷＨＯ

観測中の大河内先生

雲水採取の装置

（世界保健機関）という国連の機関は、「もし体内に入ったとしても、オシッコやウンチに混ざって体の外に出されるから問題ない」としています。

しかしマイクロプラスチックが肺の奥にまで入り込んでしまった場合は、そこから抜けなくなり、ずっととどまり続けることになります。事実、遺体を解剖して取り出した肺や、手術によって取り出された肺の一部を分析したところ、マイクロプラスチックが見つかったという研究結果も出ています。

多くのプラスチックには、燃えにくくしたり曲がりにくくしたりするために、人体にとって有害な物質がつけ加えられています。すると体内にとどまり続けているあいだに、その有害な物質が少しずつ溶けだして、体に悪い影響をおよぼしている可能性は十分にありえます。

「マイクロプラスチックは、血液の中からも見つかっています。血液は血管を通って体中をめぐっていますから、マイクロプラスチックも体中に運ばれていることになります。こわいのには、脳にもプラスチックが運ばれているのではないかということです」（大河内先生）

また先生は、鳥の研究をしている科学者と共同で、ツバメとカワラバトを解剖して、肺の中にマイクロプラスチックがないかを調べてみました。するとやはりマイクロプラスチックが検出されました。

人間だけではなく、鳥類やほ乳類などの生き物も、マイクロプラスチックの被害者になっているかもしれないのです。

先生は、マイクロプラスチックの研究に力を入れている理由について、こんなふうに話します。

「マイクロプラスチックが環境や生き物にどんな影響をあたえているのか、まだよくわかっていないからこそ、取り組む意味があると思っています。悪影響をおよぼすことがわかった時点で『これは大変だ。でももうおそい。手おくれだ』ではダメですよね。だから今のうちにできることをやっておきたいんです」

今後先生は、富士山頂の観測では、今よりもっと正確に大気中のマイクロプラスチックの濃度を測れる装置をつくりたいと考えています。

またほかの大気化学関係の科学者と協力しながら、南極や北極のマイクロプラスチックの状況や、マイクロプラスチックが風に乗って、地球の上空をどんなふうに運ばれているのかについて調べる予定です。また、海の科学者と協力しながら，海洋マイクロプラスチックが海から大気中へとどれくらい運ばれているのかも調べる予定です。

一方、医学や獣医学の科学者とは、人間や野生動物の体にどれだけマイクロプラスチックが蓄積されているかについて、さらに共同で研究を重ねていきたいと考えています。

地球環境を守るアースドクターとして、マイクロプラスチックのナゾを解明するために、大河内先生にはやらなくてはいけないことがたくさんあります。

8 微生物が雲をつくっている!? 富士山頂で氷晶核を測る

村田浩太郎 先生

微生物という小さな生き物が、地球の気象に影響をあたえている

みなさんは雲の中身をご存じでしょうか。雲は小さな水滴（雲つぶ）や氷のつぶ（氷晶）の集まりからできています。このうち、雲つぶが雲から地上に落ちてくると雨になります。また氷晶が雲から落ちてくると、雪やみぞれや雨などになります。雪になるか雨になるかは、地上の気温や湿度によって変わってきます。

では雲つぶや氷晶は、どうやってできるのでしょうか。

わたしたちが暮らしている地上近くでは、水は空気の中に水蒸気としてふくまれています。それが上昇気流が発生して空気が上空へと上っていくと、その上昇とともに気温が下がり、水蒸気だったものが水滴（雲つぶ）に変わり始めます。

ただし正確には気温が下がっただけでは、水蒸気は水滴（雲つぶ）にはなりません。大気の中には、目には見えない小さなチリやホコリのつぶ（微粒子）が浮遊しています。この小さなつぶが核（凝結核）となって、水蒸気が水滴（雲つぶ）になるのを助けているのです。具体的には、海塩や硫酸アンモニウムの粒子などが凝結核となって雲つぶをつくり出します。

また上空の気温がもっと下がると、水滴が凍って氷のつぶ（氷晶）もでき始めます。この氷晶も、やはり微粒子が大きな役割を果たしています。微粒子が核（氷晶核）となって、水滴が氷晶になるのを助けているからです。もし氷晶核がなければ、マイナス四〇度ぐらいの低温にならないと水滴から氷晶はできませんが、氷晶核のはたらきのおかげで、マイナス一〇度ぐらいから氷晶ができ始めます。

これまでは地上から風に乗って上空へと上っていった砂つぶや火山灰などの鉱物が、氷晶核としてはたらく微粒子の正体であると考えられてきました。

ところが近年、鉱物だけではなく、氷晶核としてはたらく微生物も存在していることがわかってきました。しかも微生物は、かなり重要な役割を果たしていることも明らかになりつつあります。

微生物は、マイナス一〇度ぐらいの比較的気温が高いときに、氷晶核となって氷晶をつくり始めます。一方鉱物はほとんどの場合、もっと気温が低くなったときに、氷晶核となって氷晶をつくり始めます。

もし氷晶核としてはたらく微生物が存在していなかったら、もっと低い気温のときしか氷晶はできないわけですから、雲のでき方も今とはまったくちがっていたはずです。すると雨や雪のふり方も、今とはまったくちがっていたでしょう。

つまり微生物という小さな生き物が、雲のでき方や雨や雪のふり方といった地球の気象に大きな影響をあたえているのです。そう考えるとちょっと不思議な感じがします。

氷晶核としてはたらく微生物については、研究が始まったばかりです。大気中にある微生物のうち、どの微生物に氷晶核をつくるはたらきがあるかや、微生物がどんなふうにして氷晶核となって氷晶をつくっていくのかといったことについても、まだ十分にはわかっていません。

そんな中で「わからないことが多いからこそ、おもしろそうだ」と感じて、富士山の山頂でこの研究に取り組んでいるのが、埼玉県環境科学国際センターの村田浩太郎先生です。雲は上空でできますから、氷晶核や氷晶について研究するときにも、富士山の山頂は最適な場所なのです。

雲があるときとないときでは微生物の種類がちがった

村田先生は大学生のときから、大気中の微生物について研究していました。先生が大学

富士山頂で観測装置を設置

生だったのは、今から約一〇年前のことです。

大気の中には、さまざまな種類の微生物が存在しています。けれどもどんな種類の微生物が、どれぐらい大気中を飛んでいるかについてはよくわかっていません。そこで先生は学生時代には、大気を採取してきて、そこにどれぐらいの微生物がふくまれているかといったことについて調べていました。するとなんと一立方メートルあたり数万個や数十万個もの微生物が見つかったそうです。

ただし先生の研究がむずかしいのは、た

とえば中国大陸のほうから黄砂という砂に微生物がくっついて日本のほうに飛んでくるときと、海からの風に乗って飛んでくるときでは、大気中の微生物の数や種類はまったくちがってくるということです。また雨の日には、晴れているときとはちがう微生物が、雨といっしょに上空のほうから地上に落ちてきます。しかも天気や風向きは、数時間単位であっという間に変わっていきます。

科学では、「同じ環境や条件であれば、だれが実験や観測をおこなっても、同じ結果が得られること」をとても重視します。同じ条件で同じ結果が得られたときに、「たしかにその通りだ」とみんなから認められます。

しかし大気はどんどん変化していきますから、同じ条件で大気中の微生物について調べるのは困難です。つまり科学が苦手としている分野といえます。

「でもむずかしいからこそ、『こういう気象条件のときには、大気中の微生物の濃度はこうなる』といった法則性が見つかったときには、大きな手応えを感じるんです。研究を続けるうちに、しだいに楽しくなっていきました」

と、先生は話します。

先生が大学生だったころ、大気中の微生物の中でも氷晶核としてはたらく微生物のことが、科学者のあいだで注目を集めるようになっていました。先生もこれに興味を持ち、「自分も研究してみたいな」とずっと思っていました。

そして二〇一八（平成三〇）年、先生は初めて富士山に登ります。このときおこなったのは、富士山頂を雲が通過しているときとそうでないときに、それぞれ大気を採取して、大気の中にどんな微生物がいるかを調べるというものでした。

するとおもしろい結果が出ました。雲が通過しているときとそうでないときとでは、大気中の微生物の種類にちがいが見られたのです。雲が通過しているときのほうが、「おそらくこの微生物には氷晶核になるはたらきがあるのではないか」と考えられている微生物が多くふくまれていたのでした。

「富士山頂で、大気中に存在している微生物や氷晶核について調べれば、どの微生物がどんなふうにはたらいて氷晶核となって氷晶をつくっているのか、ナゾの解明に一歩近づけるのではないか」

と、先生は考えました。そこで翌年以降も、富士山頂での観測を続けることにしたのでした。

小さな発見の積み重ねで、科学は進歩している

先生は二〇一九年（令和元）年からは、富士山の山頂で大気を採取して、その中に氷晶核としてはたらく微粒子や、氷晶核としてはたらく「微粒子」の中に微生物がどれぐらい存在しているかについて調べています。

具体的には、まず富士山頂に浮遊している小さなつぶ（微粒子）を採取します。そしてその微粒子を超純水（不純物が入っていない水）の中に入れて温度を下げます。氷晶核としてはたらく微粒子がない場合、超純水はマイナス四〇度ぐらいにならないと凍りません。けれども氷晶核としてはたらく微粒子があれば、水はもっと高い温度のときから凍り始めます。こうして何度のときに水が凍るかを観察することで、その微粒子が氷晶核としては

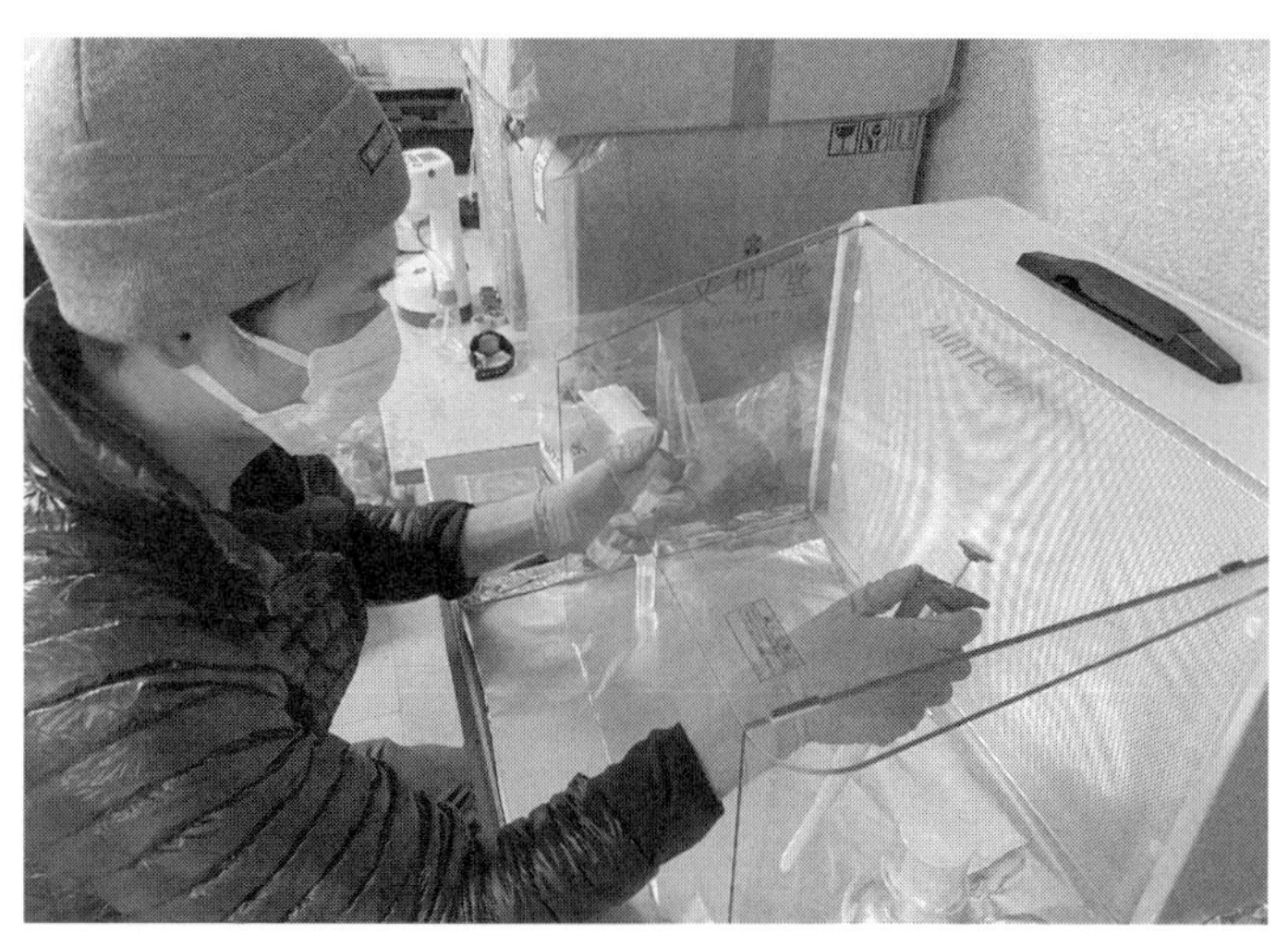

測候所で微粒子の保存処理をする村田先生

たらく微粒子かどうかを判別します。

さて、氷晶核としてはたらく微粒子の中には、鉱物もあれば微生物もあります。これまでの科学者たちの研究によって、鉱物よりも微生物のほうが、マイナス一〇度ぐらいの比較的気温が高いときから、氷晶核となって氷晶をつくり始めることがわかっています。

先生の実験や観察でも、数は少ないのですが、マイナス一〇度ぐらいの温度で氷晶核となったものがありました。先生は、生物氷晶核（微生物が氷晶核になったもの）は熱を加えるとはたらきが変化するという性質を利用して、本当にその氷晶核が生物氷晶核であるかどうかを実験によって確かめました。すると約九〇%が生物氷晶核であることがわかりました。富士山の山頂にも、微生物が氷晶核になったものが確実に存在していたのです。

では氷晶核としてはたらいた微生物とは、どんな微生物なのでしょうか。

そこで富士山頂の大気中の微生物について調べてみると、生物氷晶核が存在しているときには、大気中にはシュードモナスという微生物が必ず存在していたことがわかりました。つまりシュードモナスは、氷晶核としてはたらく微生物である可能性が高いというわけです。

シュードモナスは地上でも、氷をつくる微生物として知られています。シュードモナスが植物の葉っぱにつくと、そこまで気温が低くないときでも、葉っぱの表面の水滴が凍って霜になります。そのためシュードモナスは農家の人たちにとっては、農作物に害をあたえるやっかいな存在です。

村田先生はシュードモナスについて、「上空と地上を循環しているのではないか」と話します。上空では氷晶核として氷晶や雲をつくる役目を果たし、役目を終えたら、雪や雨といっしょに地上に落ちてきます。事実、雪や雨の成分を調べてみると、シュードモナスがふくまれていることが多いそうです。そして地上では植物の葉っぱに霜をつくるという悪さをして、また上空に上り、氷晶核として氷晶や雲をつくる役目を果たすというわけです。

ただし氷晶核としてはたらく微生物は、シュードモナス以外にも存在していると考えられています。生物氷晶核が存在しているときに、大気中にはどんな微生物が見られるかについての観測をこれからも続けていけば、氷晶核としてはたらく微生物の種類が今後しだいに明らかになっていくことが期待できます。

先生はこれまでは富士山頂では、大気中の微粒子を採取して、氷晶核としてはたらく微粒子の数について調べてきました。今後は雲の中の氷晶核の数についてもくわしく調べていきたいと考えています。

たとえば大気中の微粒子の数と、雲の中の氷晶核の数が同じであれば、大気中にある微粒子が、すべて氷晶核として氷晶や雲をつくることにかかわっていると考えられます。また大気中の微粒子よりも、雲の中の氷晶核のほうが少なければ、大気中の微粒子のうちの一部が氷晶核として氷晶や雲をつくることにかかわっていると考えられます。

あるいは、もしかしたら雲の中の氷晶核は、大気中の微粒子よりもずっと多いかもしれません。その場合、「なぜ周りの大気中の微粒子よりも、雲の中の氷晶核のほうが数が多いのだろうか。その氷晶核はどこからやってきたのだろう？」という新たな疑問を解明する必要が出てきます。

こんなふうに大気中の微粒子の数と、雲の中の氷晶核の数をくらべることで、大気中にある氷晶核としてはたらく微粒子が、実際に氷晶核となって氷晶や雲をつくることにどのようにかかわっているかがわかるわけです。

氷晶核については、まだまだわからないことだらけです。先生の一つひとつの発見が、科学の新しい発見になっていくといえます。

「子どものころは科学的な発見というと、特別な才能を持った人にしかできないものだと思っていました。けれども大学生になって研究を始めたころから、科学はいろいろな人たちが小さな発見を積み重ねることで、少しずつ進歩していくものなんだということが、だんだんとわかってきました。その小さな発見にたずさわれることに、大きなやりがいを感じています」（村田先生）

先生はこれからも氷晶核（ひょうしょうかく）のナゾを少しずつ解明していくために、富士山頂で観測を続けていくつもりです。

9

「富士山に登ると人の体はどうなる⁉」を科学する

山本正嘉（やまもとまさよし）先生

体に負担のかからない登山のやり方をみなさんに示したい

夏の富士山には、一シーズンで二〇万人から三〇万人もの人が登ります。特にお盆（ぼん）の時期は、山頂までの登山道が渋滞（じゅうたい）するほどです。

そのため中には、「みんなが登っているのだから、自分でも何とかなるだろう」と、軽い気持ちで登ろうとする人も少なくありません。

しかし富士山は、そんなにかんたんに登れる山ではありません。登っている途中（とちゅう）に頭痛（ずつう）

やはきけ、めまいなどの症状があらわれる高山病になる人も多いですし、心臓病や脳卒中などで突然死をしてしまう人も毎年何人か出ているからです。富士山は日本一高い山だけあって、体にかかる負担も日本一といってもいいほどきびしい山なのです。何しろ海外の高い山に挑戦する機会の多い登山家たちが、トレーニングの場として富士山を利用しているぐらいですから、わたしたちが登るときには、夏の富士山といえども、よりしっかりとした準備が不可欠になります。

富士山が体に負担のかかる山である大きな理由として、地上にくらべて、酸素が約三分の二しかないことがあげられます。

酸素は、標高が高くなればなるほど少なくなります。これは気圧と関係しています。気圧とは、空気が上から下へと押す力のことです。地上では、上からたくさんの空気が積み重なっているので、押す力も強くなり、空気の密度はぎゅっと圧縮されています。ところが標高が高いところでは、上に積み重なっている空気が少ないので、押す力は弱くなり、空気の密度も低くなります（つまり少なくなります）。富士山頂の気圧は地上の約三分の二なので、酸素も約三分の二になっているわけです。

では富士山に登っているとき、人の体の中ではふだんとくらべてどんな変化が起きているのでしょうか。このことについて研究してきたのが、運動生理学を専門とする山本正嘉（やまもとまさよし）先生です。運動生理学とは、人が運動をしているときの体の状態について調べる学問です。先生ご自身も登山家であり、七〇〇〇〜八〇〇〇メートルクラスの海外の山への登山経験も豊富にあります。

「富士山では、事故が起きるたびに『気をつけましょう』とか『無理をしないようにしましょう』と言われてきました。でもそう言われても、何をどう気をつければいいのかわからないですよね。そこで富士山に登っているときに、具体的にはどんな負担が体にかかっているのかや、少しでも体に負担がかからないように登るにはどうすればいいのかについて、しっかりとデータを取って、みなさんに示せるようにしたいと思ったのです」

と、山本先生は話します。

富士山を登っているときの体は、酸素吸入が必要な状態!?

ひと口に「富士山に登るときには、体に大きな負担がかかる」といっても、若者と中高年や、登山経験が豊富な人とそうでない人とでは、負担のかかり方がちがってくることが考えられます。そこで先生は、登山経験の少ない若者のグループや、登山経験の豊富な中高年のグループ、登山経験の少ない高齢者(こうれいしゃ)のグループなど、さまざまな人を対象に、富士山に登ったときの動脈血酸素飽和度(ほうわど)や心拍数(しんぱくすう)、血圧、高山病の症状(しょうじょう)などについて調べることにしました。

このうち動脈血酸素飽和度(ほうわど)とは、動脈の中を流れている血液中のヘモグロビンに酸素がどれぐらい結合しているかを示したものです。ヘモグロビンは酸素の運び屋で、動脈を通って全身に酸素を送りとどけます。ですから動脈血酸素飽和度(ほうわど)を調べれば、体の中の酸素がちゃんと足りているかどうかもわかるわけです。動脈血酸素飽和度(ほうわど)はパルスオキシ

富士登山の研究に参加する高齢者のグループ。右手首に心拍計、左手首にパルスオキシメータを付けて登る。

メータという装置を使えば測ることができ、ふつうは九六%~九九%ぐらいの数値が出ます。

先生がさまざまな人を対象に測定をおこなった結果わかったのは、富士山に登り始めてからまもなくすると、年齢や登山経験に関係なく、みなさん共通して動脈血酸素飽和度が下がり始めることでした。休けいをしているときには少し持ち直すのですが、登り始めるとまた下がりだします。そして標高が高くなればなるほど、数値はどんどん下がっていきました。地上では九〇%を切ると、呼吸不全とみなされて酸素吸入が必要とされますが、多くの人が九〇%を切り、八〇%を切った人も少なくありませんでした。

そして動脈血酸素飽和度がもっとも下がったのは、山頂の富士山測候所に泊まり、眠りについたときでした。中には五〇%ぐらいにまで下がった人もいました。

はげしい運動をしているときに酸素不足になるのはわかりますが、体を休めているときに酸素が足りなくなるのは不思議な感じがします。これは眠っているときには呼吸をつかさどる脳の働きが弱くなることや、横になった姿勢だと胸の動きが小さくなることが原因だと考えられました。

五〇%というのは、そのデータをそのままお医者さんに見せたら、「ひん死の状態」と判断されるレベルです。富士山の山頂まで登り、そこで睡眠をとると、それぐらい体に負担がかかることが、動脈血酸素飽和度の数値からあきらかになったわけです。

また測定では、心拍数の変化も測りました。つかれを感じることなく登山をするためには、その人の最高心拍数の七五%以下の状態を保っておくことが目安とされています。ところが標高三〇〇〇メートルをこえたあたりから、歩いているときの心拍数がみなさん七五%をこえはじめました。さらに山頂に近づくにつれて八〇%をこえるようになりました。富士登山は、心臓への負担も大きなことがわかったのです。

「なかでも年齢が高い人や体力が低い人、登山経験が少ない人ほど、動脈血酸素飽和度の低下や心拍数の上昇が大きくなる傾向にありました。ただし一人ひとりのデータを調べてみると、体力に自信のある若い人や登山経験が豊富な人の中にも、かなりの負担を体にかけながら登山をしていた人もいました。若いからといって、『自分はだいじょうぶ』と軽く考えてはいけないということです」(山本先生)

では、少しでも体に負担をかけずに安全に富士山に登るためには、どうすればいいのでしょうか。先生はこのテーマについても取り組んできました。

先生が実験をくりかえす中でわかったことの一つに、「呼吸を意識すれば、体への負担はかなり小さくなる」ということがあります。動脈血酸素飽和度が八〇%台や七〇%台に落ちてしまったときに、深呼吸や腹式呼吸をすると、すぐに九〇%台に持ち直したのです。

深呼吸であれば、だれでもできることです。また腹式呼吸のほうは、人によっては少し練習が必要かもしれませんが、むずかしいことではありません。だれでも簡単にできて、かなりの効果が得られる方法を発見できたことは、大きな収穫でした。

また登山中の心臓への負担を防ぐためには、一時間に三〇〇メートル以下の登山速度で歩くとよいこともわかりました。このスピードであれば、心拍数が上がりすぎて心臓突然死が起きるのを防ぐことができるといいます。

ところが実際に富士山に登っている人のスピードを測ってみると、四〇〇~五〇〇メートルの速度で登っている人がたくさんいました。つまり多くの人が心臓に負担のかかる登り方をしているわけです。

自分がどれぐらいの速度で登っているかは、本人はなかなかわからないものです。そこで先生は今、企業と協力して、登山中の速度を把握できるアプリを開発しているところです。

自分に興味を持つことから、科学は始まる

山本先生は研究に取り組むときには、「まず最初は自分で試してみること」を大切にしてきたといいます。

たとえば「体に負担がかからない登山のやり方」であれば、自分でやり方をいろいろと考えたうえで、まずは自分が登ってみます。その結果、「こういう登り方をしたときには、あまりつらく感じなかったし、動脈血酸素飽和度（ほうわど）や心拍数（しんぱくすう）などのデータを見ても、体に負担がかからない登り方ができていた」というものが見つかったとします。すると今度は、「それが自分だけではなく、ほかの人にとっても体に負担のかからない登り方であるかどうか」をたしかめるために、多くの人に実験に協力してもらう、というふうにして研究を進めていくわけです。

ネパールと中国・チベット自治区との国境沿いに、チョーオユーという標高八二〇一メートルの山があります。先生は三〇代のときに、この山への無酸素登山に挑戦（ちょうせん）したことがありました。

無酸素登山とは、酸素ボンベを使わないで山に登ることをいいます。チョーオユーは富士山の二倍以上の高さがありますから、酸素もそのぶんかなり薄（うす）くなります。そんなところに酸素ボンベを持たずに登山をするというのは、大変危険なことです。

なぜ先生がこんな挑戦（ちょうせん）をしたかというと、「登山家の死亡率や事故率を減らしたい」という思いがあったからです。

当時、多くの登山家が八〇〇〇メートル級の山への無酸素登山にチャレンジしていました。しかしそうした高所に無酸素で登るための方法論が確立されていなかったために、亡くなる人があとをたちませんでした。

そこで先生は、危険をさけながら無酸素でチョーオユーに登るための方法論を考えたうえで、その方法論が有効かどうかを、まずは自分自身で実際に試してみることにしたのです。

先生はこれまで身につけてきた運動生理学の知識を総動員させて、事前のトレーニング計画や登山計画を立てました。ところが山頂まで登ることには成功したものの、登山中はずっと体調が悪く、「このやり方ではダメだ」という反省の気持ちのほうが強かったといいます。

そこで先生は方法論を練り直したうえで、ネパールのマナスル（八一六三メートル）で、もう一度、無酸素登山に挑戦（ちょうせん）することにしました。今度は事前のトレーニング場所として、新たに富士山への登山を取り入れてみることにしました。すると本番のマナスルへの登山では、天気などの理由で山頂まで登ることはできなかったのですが、登山中の体調はずっと良好だったそうです。

日本の登山家のあいだでは昔から、「海外の高い山に登るときには、事前に富士山でトレーニングをしてからのぞむと、本番のときも体調がいい」ということが言われてきました。先生もそれを身をもって体験したわけです。富士山のような高い山で体を慣らしておくと、海外のもっと高い山に登るときに、体が順応しやすくなるということだと考えられ

チョーオユーで無酸素登山に挑戦する山本先生。胸に電極ベルトを巻き、毎日行動中の心拍数を記録する。

ました。

先生はこうした自分の体験をもとに、富士山で事前にトレーニングをすると、具体的に体の状態がどう変わるのか、どんなトレーニングが有効なのかということについて、きちんと研究してみようと思いました。それまでは「海外の高い山に登る前には、富士山に登っておくとよい」というのは、あくまでも登山家のあいだで体験談として語られていただけだったからです。

先生は、富士山や、富士山頂と同じ気圧や酸素の状態をつくった低酸素室という実験室で、体の変化についてのデータの収集や、効果的なトレーニング方法を探ることを目的とした実験を重ねました。また第一線で活やくしている日本の登山家たちに、富士山でどんなトレーニングをしているかについてのアンケートもおこないました。

そして今では多くの登山家たちが、富士山でトレーニングをおこなうときには、先生の研究結果を参考にするようになっています。先生のところにアドバイスを求めに来る登山家もいます。

山本先生が、まずは自分で試してみることを大切にしているのは、「自分のことに興味を持つことが、科学の出発点である」という思いがあるからです。

「科学というと、自分の体や心、生活とは関係ないことを勉強するというイメージがあるかもしれません。でもそれはちがいます。自分の体の状態や生活のことで、『これはなぜこうなっているんだろう?』と感じたことについて、その疑問を追究することから科学は始まります。わたしも自分の体の状態にとても興味があり、自分について知りたいという思いが運動生理学を研究するエンジンになっています。自分の体や心、生活と科学はつな

がっていると考えると、科学を学ぶことがもっとおもしろくなると思います」（山本先生）

二〇二三（令和五）年春、山本先生は長年勤めていた鹿屋（かのや）体育大学を定年で退職しました。先生の今後の目標は、これまで登山について先生が研究し、明らかにしてきたことを、登山教室などのさまざまな場で、より多くの人にわかりやすく伝えていくことです。

富士山に登るときには大変な負担が体にかかっていることがわかれば、軽い気持ちで登ろうとする人はいなくなるでしょう。また深呼吸や腹式呼吸を心がけると、酸素不足にならずにすむことや、一時間に三〇〇メートル以下のペースで歩くと、心臓への負担が小さくなることを知っている人が増えれば、そのぶん登山中の事故を減らすことができます。

一方で、人の体には個人差があります。そのため登山では、基本的な知識を身につけたうえで、「では自分の体の場合はどうなんだろう。基本はこうだけど、わたしの場合はもっとこうしたほうがいいんじゃないか」と自分なりに考えて試すことで、自分に合ったやり方を見つけることも大切になります。そうやって自分の体と対話をしながら登山ができる人を増やしていきたいと、先生は考えています。

10

富士山測候所は世界で最先端の雷研究ができる場所

安本勝先生

富士山頂であれば、雷を間近に観測できる

富士山の山頂は、雷についても「ここでしかできない研究」ができる場所です。

雷といえば「夏に発生するもの」というイメージを持っている人が多いと思います。夏の暑い日の午後に、晴れていた空が急に暗くなったかと思ったら、はげしい雨とともにすさまじい音で雷が鳴り出して、とてもこわい思いをしたという経験はきっとみなさんにもあるでしょう。

じつは日本の日本海沿岸では冬にも雷がよく発生するのですが、これは世界的にもめずらしいことです。雷といえば、やはり夏なのです。

夏の雷は、地上から高さ三〇〇〇メートルや四〇〇〇メートル以上のところで発生します（日本海沿岸の冬の雷は、地上数百メートルのところで発生します）。自然現象を調べるときには、なるべく間近で観測することが大切ですが、夏の雷の場合、地上からではそれはちょっとむずかしいのです。

ただし高さが三七七六メートルある富士山の山頂であれば、雷を間近で観測することが可能です。雷の多くは積乱雲や入道雲とよばれている雷雲の中で発生しますが、富士山では山頂が雷雲にすっぽりつつまれるようなこともときどき起きます。

しかも雷は、高くてとんがっているところに落ちやすいという性質があります。富士山は「独立峰」といって、すぐ近くに同じような高さの山がなく、山のかたちはスマートでとんがっています。ですから富士山頂は、雷がそこをめがけて落ちてきやすい場所なのです。

そのため富士山の山頂では、富士山測候所に観測機器を置いて雷の研究をしている静岡県立大学特任教授の鴨川仁（かもがわまさし）先生を中心とした研究者のグループがいます。安本勝（やすもとまさる）先生も、そうしたグループのメンバーのひとりです。

「夏のはじめに富士山測候所に観測機器をセットしたら、機器の管理は山頂班（さんちょうはん）の方々にお願いしています。山頂班の人たちから『雷が落ちた』という知らせを受けたときには、どんなデータがとれているかワクワクします。富士山の登山客にとっては雷はすごくイヤなものでしょうから、みなさんにはもうしわけないんですけどね。でも雷のメカニズムを解明することは、雷による災害を防止することにもつながるんです」

と、安本先生は話します。

富士山測候所を「フランクリンの凧（たこ）」に見立てる

じつは安本先生が富士山にかかわることになったのは、最初は「富士山頂で雷を観測す

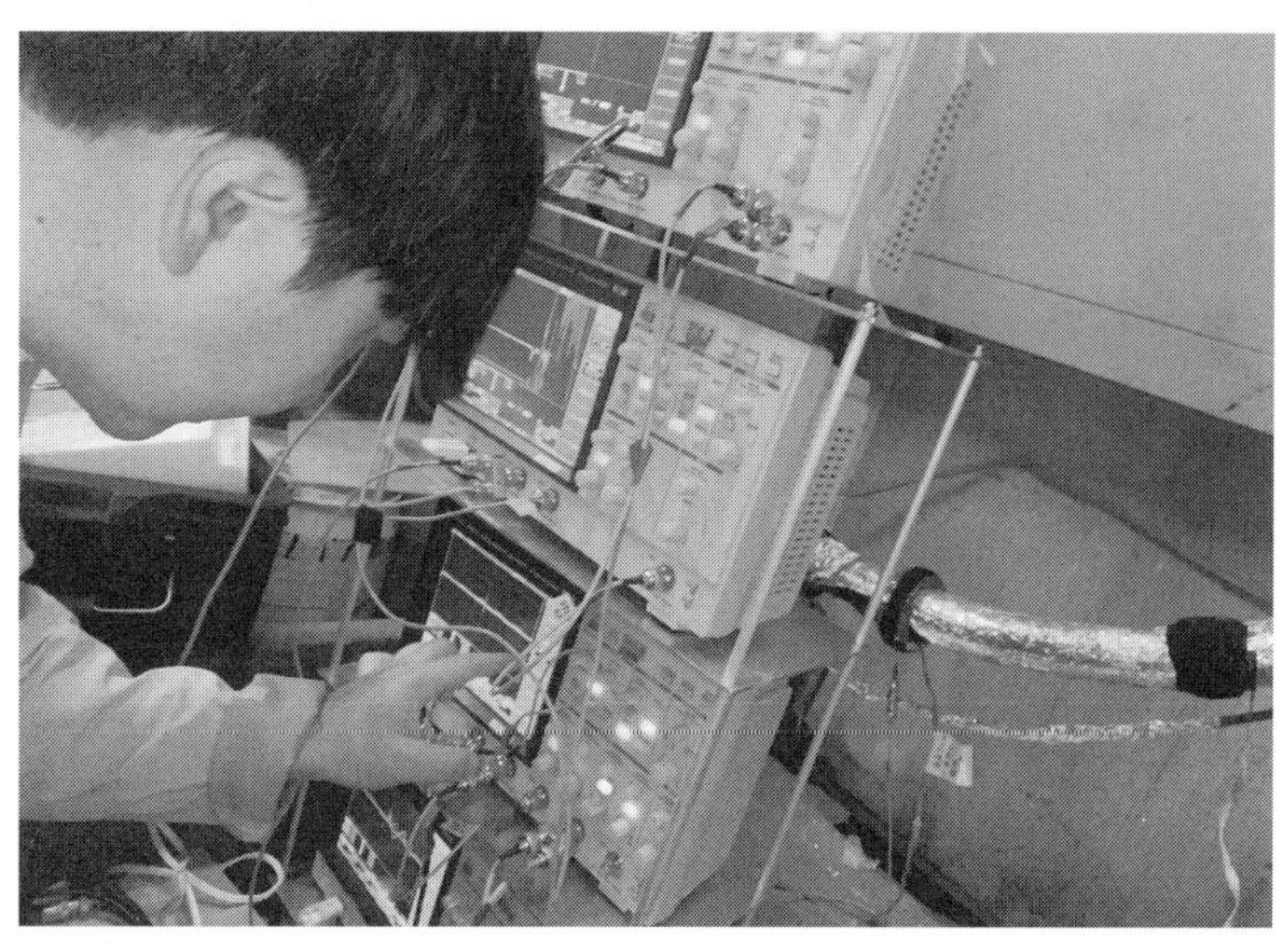

安本先生が作成した雷観測の装置を山頂で操作する鴨川先生

ること」ではなく、「富士山測候所を雷から守ること」が目的でした。

建物を雷の被害から守るためには、ファラデーケージといって、金属でできた箱や囲いで、建物をすっぽりと囲むのが効果的です。ファラデーケージで建物を囲えば、雷が建物に落ちたときでも、部屋の中には雷の電流は流れないからです。

みなさんは「雷がはげしいときには、窓を閉めて車の中にいれば安心」という話を聞いたことはないでしょうか。これは自動車の車体もファラデーケージで囲まれているからです。

富士山測候所も、ファラデーケージで囲

まれています。けれども建物の増築や改築を重ねるうちに、ファラデーケージは完全なものではなくなっていました。そのため雷が発生すると、建物の中にいても雷の電気のせいでかみの毛が逆立ったり、観測機器がこわれたりといったことが起きていたのです。

安本先生は大学で電気工学を勉強し、長年勤(つと)めてきた東京大学では、技術職員として雷対策にたずさわってきた経験がありました。そこで「NPO法人富士山」のメンバーからの依頼(いらい)を受けて、富士山測候所の雷対策に取り組むことになったのです。

先生は、富士山測候所の電気の配線図などを参考にしながら、実際に今の配線網(はいせんもう)や接地線がどうなっているかを調べました。増築や改築を重ねるうちに、配線も昔とはかなり変わっていたからです。そして雷の被害(ひがい)を少しでも減らすための改善策(かいぜんさく)を練っていきました。

このとき先生は、あることを思いつきます。

測候所には接地線（アース）が設けられています。接地線とは、なにかの理由で電気がもれたときに、中にいる人が感電しないように、電気を大地へと逃(に)がすための線のことです。雷が落ちたときにも、接地線を通して電気は大地へと流れるようになっています。

先生が調べてみると、測候所には建物の基礎鉄骨の部分や、富士山の斜面にたらした短めの接地線のほかに、富士山のふもとから測候所へと電気を送るために地中にうめられた送電ケーブルの中にも接地線が設けられていることがわかりました。

これらの接地線の中で、ちゃんと雷の電気を大地へと逃がす役わりを果たしているのは、送電ケーブルの中に設けられている接地線だけであると考えられました。

富士山測候所の建物は、富士山のかたい岩盤の上に建っています。岩盤は電気を通しにくい性質があるため、ここに接地線をたらしても、電気は大地には流れていきません。つまり雷が落ちたときに、すべての電気は送電ケーブルの中の接地線を通して大地へと流れていたわけです。

「ということは、雷が発生したときに、送電ケーブルの中の接地線にどれだけの電気が流れたかを調べれば、雷による電流を測定することができるのではないだろうか。富士山測候所と接地線を使って、まるでフランクリンの凧のような実験ができるぞ！」

と先生は、思いついたのです。

「フランクリンの凧」とは、一八世紀のアメリカで、科学者や政治家や外交官として活やくしたベンジャミン・フランクリンという人が考案した雷に関する実験です。

当時は雷の正体がなんであるか、まだはっきりとはわかっていませんでした。そこでフランクリンは「雷は電気によって起きていることを証明しよう」と考えます。

フランクリンのアイデアはこうです。まず雨の日でもこわれない、じょうぶな凧と、絹でできた凧糸、金属のカギとライデンびんを用意します。ライデンびんとは、びんの外側や内側にスズという金属をぬるなどして、びんの中に電気をためることができるように工夫したものです。

そして雷が発生しそうな日に、凧を上空へと上げます。凧糸の持ち手のほうの先端には、金属のカギを結びつけておきます。

雷は高いところに落ちやすい性質がありますから、凧を空高く上げれば、当然雷は凧に落ちやすくなります。そしてもし雷が凧に落ちたならば、凧糸を通して電気が金属のカギに伝わり、その電気は用意したライデンびんにたまるはずだと、フランクリンは考えたわけです。

フランクリンがこのアイデアを発表したところ、フランスのダリバールという人が実際に実験をおこないました。すると実験はみごと成功。雷の正体は電気であることが証明されたわけです。その後フランクリン自身もこの実験をおこなったといわれていますが、本当に実験をおこなったかどうかはわかっていません。

ちなみにこの実験は、感電するおそれがあるので大変危険です。実際に亡くなった人もいるとされています。ダリバールが命を落とすことなく無事実験を終えることができたのは、運がよかったとしかいいようがありません。

さて安本先生が「フランクリンの凧のような実験が富士山でできるぞ」と思ったのは、まるで富士山測候所が凧、富士山のふもとへとつながっている接地線が凧糸のように見えたからです。

凧と同じように、富士山測候所は雷がとても落ちやすい場所です。そして凧に落ちた雷の電気が凧糸を通って地上へとつたっていったように、富士山測候所に落ちた雷の電気は、接地線を通って山のふもとへとつたっていきます。

フランクリンのときには、実験によって雷の正体が電気であることをつきとめられただけでした。けれども今はロゴウスキーコイル電流計という測定器を使えば、雷が落ちたときの電気の流れをくわしく測定することができます。

そこで先生は、富士山測候所をフランクリンの凧に、接地線を凧糸に見立てて、富士山頂で雷観測をおこなうことにしたのでした。

さまざまな種類の雷現象を観測

当初先生は、雷電流を測定できるのは、雷が富士山測候所をめがけて落ちてきたときだけだと考えていました。

ところが測候所に設置した電流計のデータを分析してみると、雷が測候所から少しはなれたところに落ちたときにも、電気量は小さくなりますが、接地線に電気が流れていることがわかりました。また富士山のふもとに雷が落ちたときにも、電気が接地線を逆流して上のほうへと流れていることもわかりました。そこで小さな電流でも正確に測ることができる高感度用の電流計も作成して、測候所に設置することにしました。

さらには雷の発生によって、雷雲の中の電気の様子がどのように変化したか、といったことについても、観測できることがわかりました。

測候所に直接落ちた雷だけではなくて、測候所の近くや山のふもとに落ちた雷についても電流量などを測定できるということは、そのぶんたくさんの雷についてのデータを集められるということです。

じつは雷には、いくつかの種類があります。

まず落雷（らくらい）は、負極性落雷（ふきょくせいらくらい）と正極性落雷（せいきょくせいらくらい）に分けられます。

一八八ページの図を見てください。雷が起きる前の雷雲の中には、図のように上にプラス、下にマイナスの電気のかたよりができています。これは電気にとっては居心地が悪い状態（じょうたい）なので、中和といって、このかたよりをなくそうとするはたらきが生じます。落雷は、雷雲の下にたまったマイナスの電気がその下の地上へと向かい、これを地上のプラスの電

富士山頂で観測できる雷

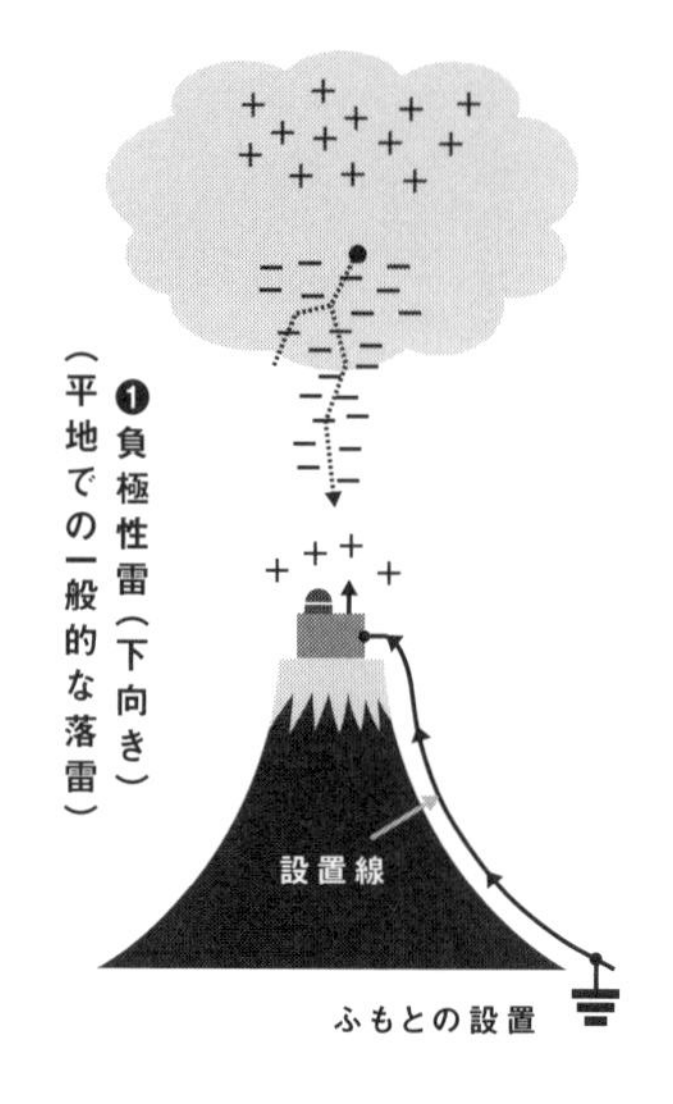

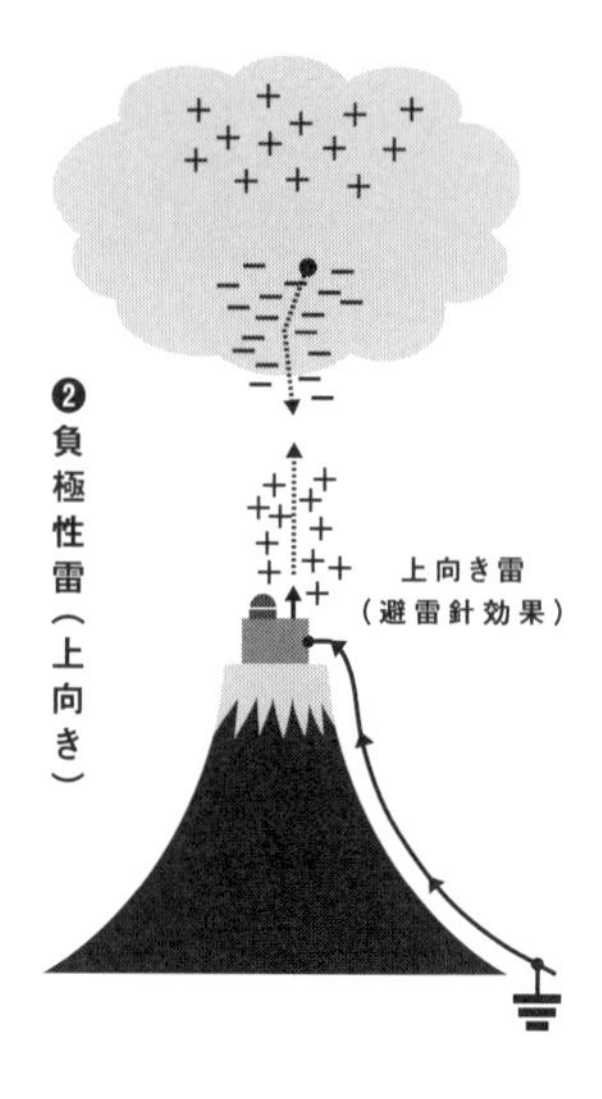

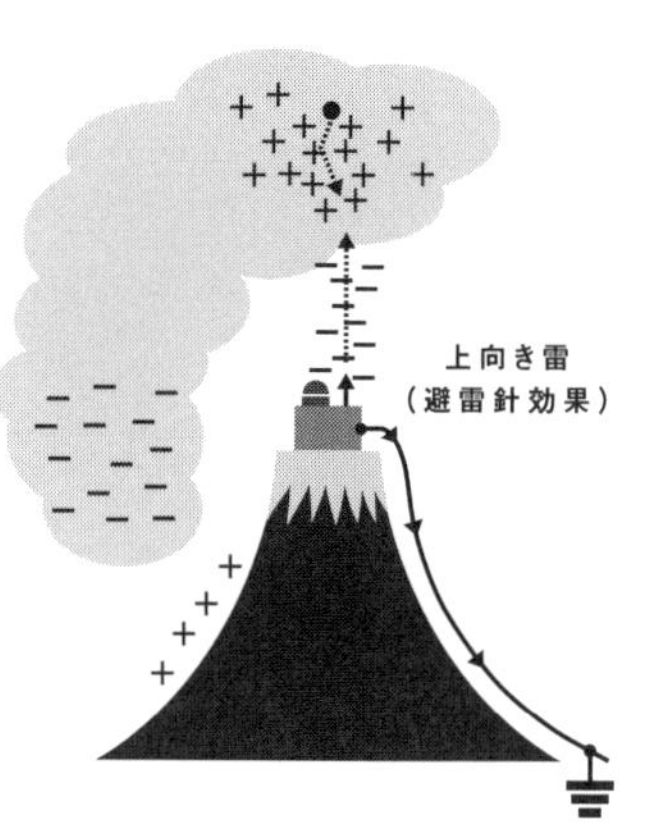

気がむかえ入れ、ふたつが結びついたときに、はげしい稲光(いなびかり)と雷鳴(らいめい)とともに発生します。これを負極性落雷といいます。

一方、正極性落雷とは、雷雲のいちばん上にあるプラスの電気が地上へと向かうというものです。

また雷というと、上空から地上に向けて落ちていくものと思いこみがちです。けれども数は少ないのですが、じつは鉄塔(てっとう)のような地上のとがった場所から、上空の雲のほうに向かって上向きに進んでいく雷もあります。下に落ちる雷を下向き雷、上に向かって進む雷を上向き雷といいます。

さらには多重雷といって、最初に雷が上空から地上に落ちた経路と同じ経路を通って、非常に短い時間で二回、三回と落雷がくりかえされる雷もあります。

富士山頂は負極性落雷も正極性落雷も、下向き雷も上向き雷も、多重雷も、すべての雷現象を観測することができます。それぞれの雷ごとに電気の流れ方などにちがいや特徴(とくちょう)があるので、いろいろな種類の雷についてのデータがとれるというのは、科学者にとってはとても魅力的（みりょくてき）です。

「去年（二〇二二年）は、富士山測候所から雲のほうに向かって進んでいった上向き雷が観測することができ、データもかなりよいものがとれました。ただし雷のメカニズムを解明するためには、一度よいデータがとれただけで満足するのではなく、データを積み重ねていくことが大事です。これからもコツコツ観測を続けていく必要があります」（安本先生）

安本先生によれば、雷が発生する間近で雷現象を観測し、さまざまなデータを測定できる施設（しせつ）は、世界中を見わたしても富士山測候所ぐらいだそうです。

だから富士山測候所は、雷研究についても、「ここでしかできないこと」を研究できる場所なのです。

あとがき

本書には、富士山頂での冬の気象観測に初めて挑戦した野中至・千代子夫妻や、日本を台風から守るための富士山レーダーの建設を担当した伊藤庄助さん、また現在富士山測候所で研究活動をおこなっている科学者のみなさんなど、さまざまな方が登場します。それらの方々は、生きてきた時代も、富士山頂や富士山測候所で取り組んだことも、それぞれ異なります。

けれども共通しているのは、「富士山頂や富士山測候所でしか、できないことがある」という強い思いをみなさん持っていたことです。

富士山の山頂に臨時富士山頂観測所（のちの富士山測候所）が設置され、野中至・千代子夫妻が目標にしていた一年間を通しての気象観測が実現したのは、今から約九〇年前の一九三二（昭和七）年のことでした。

その後、富士山測候所の役割は、科学技術の発展や社会の変化とともに変わっていきました。役割を変えながらも、今も存続することができているのは、それぞれの時代ごとに「ここでしかできないことがある」という思いを持った人がいたからです。いわば時代を越えた「思いのバトンリレー」によって、今の富士山測候所があるといえます。

では、これからの富士山測候所はどうなっていくのでしょうか。本書の中でも述べたように富士山測候所は、大気をはじめとしたさまざまな観測や研究をおこなう場所として、世界中のほかの観測所と比べても、ばつぐんの好条件を備えています。これからも測候所は存続してほしいし、存続させる必要があると思います。

そのためには科学者の人たちだけではなくて、できるだけ多くの人が富士山測候所でおこなわれている観測や研究について関心を持っておくことが大切になります。多くの人が関心を持てば、もし今後国の方針によって、存続のピンチが訪れるようなことがあったとしても、国を動かす力となるからです。

私も富士山測候所での科学者たちの取り組みに、注目し続けたいと思います。

長谷川　敦

認定NPO法人　富士山測候所を活用する会

2004年に無人化され、いずれ取り壊しの運命にあった旧富士山測候所。「富士山測候所を活用する会」は、この施設を国から借り受け研究・教育の拠点にしようという構想で、2005年に大気化学や高所医学などの研究者が主体となって立ち上げたNPO法人です。

2016年には東京都から認定NPO法人として認められ、2019年には科学研究助成事業にかかる研究機関と指定されました。現在では、分野横断的な研究者があつまる新しいタイプの研究・教育施設として海外からも注目されています。夏の観測期間中の測候所利用者は1年間に約500人。2007年の開始以来、利用者はのべ約6000人になります。

日本で一番高いところにある富士山測候所、ここでしかできない研究を未来につなぐために、NPO法人は活動を続けています。

組織名　特定非営利活動法人　富士山測候所を活用する会
住所　〒169-0072　東京都新宿区大久保2-5-5　中村ビル2階
電話 03-6273-9723　Fax 03-6273-9808
HP　https://npofuji3776.org/

長谷川敦（はせがわあつし）

1967年広島県生まれ。大学生のときに出版関係の会社でアルバイトを開始し、そのまま就職。26歳のときに「世の中で起きているいろんな問題の原因や解決策を、自分で調べ、考え、書く仕事がしたい」と思い、会社をやめてフリーライター（一つの会社に属さずに、いろいろな会社と契約を結んで、個人で書く仕事をやっている人のこと）になる。今は、歴史やビジネス、教育などの分野の仕事が多い。著書に『人がつくった川・荒川』（旬報社）、『日本と世界の今がわかるさかのぼり現代史』『世界史と時事ニュースが同時にわかる新地政学』（ともに祝田秀全監修、朝日新聞出版刊）。

編集協力
認定NPO法人　富士山測候所を活用する会

ようこそ！　富士山測候所へ
日本のてっぺんで科学の最前線に挑む

2023年10月10日　初版第1刷発行
2024年４月25日　　　第2刷発行

著　者　長谷川　敦
ブックデザイン　吉崎広明（ベルソグラフィック）
装画　soar
本文イラスト　Vega_7/shutterstock
編集担当　今井智子
発行者　木内洋育
発行所　株式会社旬報社
〒162-0041
東京都新宿区早稲田鶴巻町544 中川ビル4F
TEL 03-5579-8973　FAX 03-5579-8975
HP:https://www.junposha.com

印刷・製本　シナノ印刷株式会社

ISBN 978-4-8451-1840-3

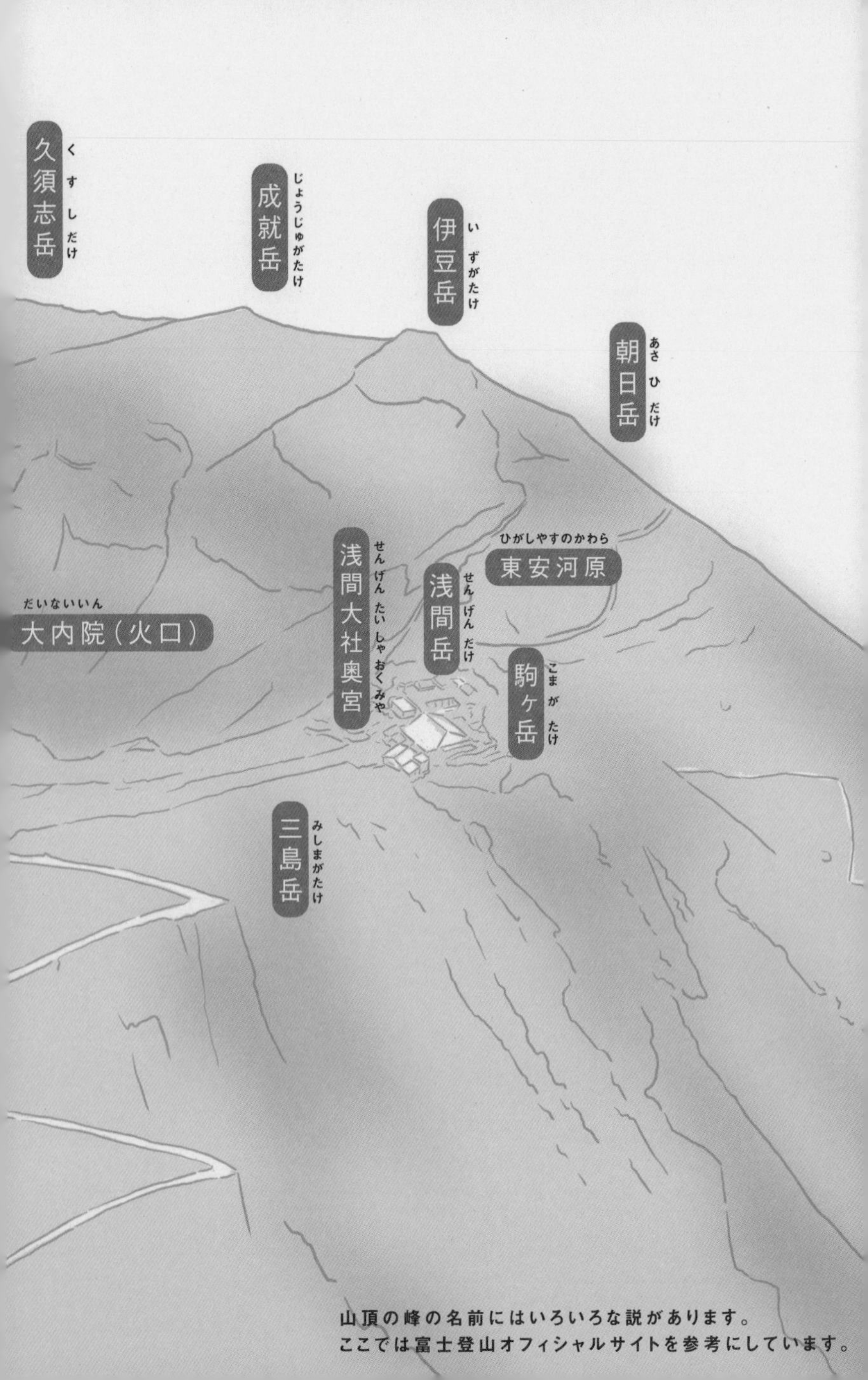

山頂の峰の名前にはいろいろな説があります。
ここでは富士登山オフィシャルサイトを参考にしています。